Über dieses Buch Im ersten Teil von ›Dame oder Tiger?‹ werden von einer illustren Gesellschaft imaginärer Gestalten – darunter Vampire, Psychiater, Träumer, Eremiten, Könige, Ritter und Schurken – immer kniffliger werdende Rätsel gestellt. Den zweiten Teil bildet eine mathematische Novelle – die erste ihrer Art –: ›Das Geheimnis des Schlosses von Monte Carlo‹. Inspektor Craig, der bei der praktischen Aufgabe beginnt, die Zahlenkombination für ein Safeschloß zu finden, wobei ihm zwei Freunde mit ihren Rechenmaschinen zu Hilfe kommen, gerät in immer tiefere logisch-mathematische Gedanken, die ihn schließlich mitten in Gödels wunderschönes Theorem über Wahrheit und Beweisbarkeit führen ...
Ebenso einfallsreich und in ihrer Wirkung verblüffend sind M. C. Eschers paradoxe und verrätselte Zeichnungen, mit denen die 19 Kapitel von ›Dame oder Tiger?‹ optisch eingeleitet werden.

Der Autor Raymond Smullyan wurde 1918 in Far Rockaway auf Long Island (New York) geboren. Bereits mit 12 Jahren verließ er die Schule, um sich ausschließlich mit moderner Algebra und mathematischer Logik zu beschäftigen. Heute lehrt Raymond Smullyan als Professor für mathematische Logik u. a. an der City University in New York.
Von seinen zahlreichen Veröffentlichungen erschienen bisher in deutscher Sprache: ›Wie heißt dieses Buch?‹ (1978) und ›Schach mit Sherlock Holmes‹ (1979). Im Wolfgang Krüger Verlag erschien 1984 ›Alice im Rätselland‹.

Raymond Smullyan

DAME ODER TIGER?

Logische Denkspiele und eine mathematische Novelle über Gödels große Entdeckung

Aus dem Amerikanischen
von Thea Brandt

Fischer
Taschenbuch
Verlag

Besonderer Dank gilt der Heinz Moos Verlagsgesellschaft mbH. & Co. KG, Gräfelfing bei München, für deren Einverständnis zur Reproduktion ausgewählter Arbeiten des holländischen Künstlers M. C. Escher (1898–1972), mit denen die 19 Kapitel dieses Buches eröffnet werden.

Die Illustrationen tragen im Original folgende Titel:

1 Kristall (1947) Aquatinta
2 Drei sich schneidende Flächen (1954) Holzschnitt
3 Treppauf und Treppab (1960) Lithographie
4 Belvedere (1958) Lithographie
5 Calanche Korsika (1934) Lithographie
6 Studie von Pflanzen (1942) Tusche
7 Zeichnen (1948) Lithographie
8 Stilleben mit Spiegel (1934) Lithographie
9 Studie für die Lithographie Schwerkraft (1952) Bleistift
10 Porträt von G. A. Escher (1935) Lithographie
11 Stilleben mit spiegelnder Kugel (1934) Lithographie
12 Reptilien (1943) Lithographie
13 Ameise (1943) Lithographie
14 Wasserfall (1961) Lithographie
15 Ordnung und Chaos (1950) Lithographie
19 Studie für die Lithographie Treppenhaus (1951) Tusche
17 Auge (1946) Aquatinta
18 Kubische Raumaufteilung (1952) Bleistift
19 Band ohne Ende (1956) Lithographie

14.–21. Tausend: März 1987

Ungekürzte Ausgabe
Veröffentlicht im Fischer Taschenbuch Verlag GmbH,
Frankfurt am Main, November 1985

Lizensausgabe mit freundlicher Genehmigung
der S. Fischer Verlags GmbH, Frankfurt am Main
Die Originalausgabe ›The Lady or the Tiger? And other logic puzzles‹
erschien im Verlag Alfred A. Knopf, Inc., New York

Umschlaggestaltung unter Verwendung eines Photos von Bill Ray:
Manfred Walch, Frankfurt
Druck und Bindung: Clausen & Bosse, Leck
Printed in Germany
980-ISBN-3-596-28176-8

Für Lady Blanche

Inhalt

Vorwort

Unter den zahlreichen bezaubernden Briefen, die ich auf mein erstes Knobelbuch (an dessen Namen ich mich nicht mehr erinnere!) erhalten habe, war auch der des zehnjährigen Sohnes eines berühmten Mathematikers, mit dem ich früher zusammen zur Schule ging. Der Brief enthielt ein sehr schönes, neues Rätsel, inspiriert von einigen Aufgaben in meinem Buch, die der Junge begierig gelesen hatte. Ich rief unverzüglich den Vater an, um ihm zu der Klugheit seines Sohnes zu gratulieren. Bevor er den Sohn ans Telefon holte, sagte mir der Vater mit einem Unterton der Verschwörung in der Stimme: »Er ist noch dabei, dein Buch zu lesen, und er liebt es heiß und innig. Aber wenn du mit ihm sprichst, vermittele ihm bitte nicht den Eindruck, daß das Mathe ist, was er da macht, denn er *haßt* Mathematik. Wenn er nur die geringste Vorstellung hätte, daß das richtige Mathe ist, würde er sofort aufhören, das Buch zu lesen.«
Ich erwähne dies, weil es ein sehr merkwürdiges und doch alltägliches Phänomen veranschaulicht: So viele Leute, denen ich begegnet bin, behaupten, Mathematik zu hassen, und doch sind sie gewaltig fasziniert von jeder logischen oder mathematischen Aufgabe, die ich ihnen gebe, vorausgesetzt, ich biete sie ihnen in Form eines Rätsels dar. Ich wäre nicht im geringsten überrascht, wenn sich gute Rätselbücher als eine der besten Heilmethoden für sogenannte ›Mathe-Angst‹ erwiesen. Und außerdem *könnte* jede mathematische Abhandlung in der Art eines Rätselbuches geschrieben werden. Ich habe mich manchmal gefragt, was passiert wäre, wenn Euklid seine klassischen »Elemente« in einer solchen Form geschrieben hätte. Anstatt nach Art eines Lehrsatzes festzustellen, daß die Basiswinkel eines gleichschenkligen Dreiecks gleich sind, um alsdann den Beweis dafür anzutreten, könnte er etwa geschrieben haben: »*Aufgabe:* Gegeben ist ein Dreieck mit zwei gleichen Seiten. Sind zwei der Winkel notwendigerweise gleich? Warum bzw. warum nicht? (Auflösung siehe Seite soundsoviel)« und in ähnlicher Weise alle übrigen Lehrsätze abhandeln. Ein solches Buch hätte sehr gut eines der bekanntesten Knobelbücher der Geschichte werden können.

Ganz allgemein unterscheiden sich meine Rätselbücher der Tendenz nach von anderen dadurch, daß ich in erster Linie an Aufgaben interessiert bin, die einen bedeutsamen Bezug zu profunden und wichtigen Ergebnissen der Logik und Mathematik enthalten. So war das eigentliche Ziel meines ersten Logikbuches, einer breiten Öffentlichkeit die ungefähre Vorstellung davon zu geben, was es mit Gödels großartigem Theorem auf sich hat. Der hier vorliegende Band geht noch weiter in dieser Richtung. Ich habe das Manuskript in einer Vortragsreihe mit dem Titel »Rätsel und Paradoxien« verwandt, in der einer der Studenten mir gegenüber die Bemerkung machte: »Wissen Sie, dieses ganze Buch – besonders die zweite Hälfte – hat sehr stark den Charakter einer mathematischen Novelle. Ich habe nie zuvor etwas Derartiges gesehen!«

Ich glaube, der Ausdruck ›mathematische Novelle‹ ist besonders treffend. Der größte Teil des Buches ist tatsächlich in der Art einer Erzählung geschrieben, und ein guter Ersatztitel wäre vielleicht: »Das Geheimnis des Schlosses von Monte Carlo«, da die zweite Hälfte des Buches von einem Fall handelt, in dem Inspektor Craig von Scotland Yard eine Zahlenkombination herausfinden muß, um das Schloß eines Safes in Monte Carlo zu öffnen, damit ein Unglück verhindert wird. Nachdem seine anfänglichen Bemühungen, den Fall zu lösen, sich als Mißerfolg herausgestellt haben, kehrt der Inspektor nach London zurück, wo er aufgrund glücklicher Umstände die Bekanntschaft eines brillanten und exzentrischen Erfinders von Zahlenmaschinen erneuert. Beide tun sich mit einem Spezialisten für mathematische Logik zusammen, und alsbald befinden sich die drei in zunehmend tieferen Regionen, die zum Kern von Gödels großartiger Entdeckung führen. Natürlich entpuppt sich das Kombinationsschloß von Monte Carlo als ein verborgenes ›Gödelsches Schloß‹; sein *modus operandi* spiegelt auf wunderschöne Weise einen Grundgedanken Gödels wider, der grundlegend in viele wissenschaftliche Theorien hineinreicht, die mit dem bemerkenswerten Phänomen der Selbstreproduktion zu tun haben.

Als ein Nebenprodukt ist zu erwähnen, daß die Untersuchungen Inspektor Craigs und seiner Freunde zu einigen überraschenden mathematischen Entdeckungen führten, die bislang sowohl der allgemeinen Öffentlichkeit als auch den wissenschaftlichen Fachkreisen unbekannt sein dürften. Dies sind die ›Craigschen Gesetze‹ und die ›Fergussonschen Gesetze‹, die hier zum allerersten Mal veröffentlicht werden. Sie dürften sich für den Laien von gleichem Interesse erweisen wie für den Logiker, den Linguisten und den Computerfachmann.

Es hat großen Spaß gemacht, dieses Buch zu schreiben, und sollte ebenso beim Lesen Freude machen. Zur Zeit plane ich mehrere Fortsetzungen.

Nochmals möchte ich meiner Herausgeberin, Ann Close, sowie meinem Verleger, Melvin Rosenthal, für ihre großartige Hilfe herzlich danken.

Elka Park, N.Y. Raymond Smullyan
Februar 1982

1
Alte und neue Kopfnüsse

Beginnen möchte ich mit einer bunten Reihe arithmetischer und logischer Rätsel (die Lösungen stehen am Ende eines jeden Kapitels).

1. Wieviel?

Vorausgesetzt, Sie und ich besitzen dieselbe Summe Geldes. Wieviel muß ich Ihnen geben, damit Sie zehn Mark mehr haben als ich?

2. Das Politiker-Rätsel

In einer nicht näher bestimmten politischen Versammlung debattierten einhundert Politiker miteinander. Jeder von ihnen war entweder bestechlich oder unbestechlich. Folgende Tatsachen sind uns bekannt:
a) Zumindest einer der Politiker war unbestechlich.
b) Von jeweils zwei Politikern war wenigstens einer bestechlich.
Kann aus diesen zwei Tatsachen geschlossen werden, wie viele der Politiker bestechlich und wie viele unbestechlich waren?

3. Alter Wein in nicht mehr ganz so neuen Flaschen

Eine Flasche Wein kostet zehn Mark. Der Wein selbst kostet neun Mark mehr als die Flasche. Wie teuer ist die Flasche?

4. Wie hoch ist der Gewinn?

Das Erstaunliche an diesem Rätsel ist, daß die Leute hinsichtlich der Lösung immer in Meinungsverschiedenheit geraten. Ja, verschiedene Leute gehen die Aufgabe unterschiedlich an und kommen zu unterschiedlichen Ergebnissen. Und jeder besteht darauf, daß seine Antwort die richtige ist. Das Rätsel geht folgendermaßen:
Ein Händler kaufte eine Ware für sieben Mark, verkaufte sie für acht Mark, kaufte sie für neun Mark zurück und verkaufte sie wieder für zehn Mark. Wieviel hat er dabei verdient?

5. Die Aufgabe von den zehn Katzen und Hunden

Das Lehrreiche an diesem Rätsel ist, daß es, obwohl man es leicht durch Anwendung algebraischer Grundkenntnisse lösen kann, auch ohne jegliche Algebra, nur durch bloßes Nachdenken – mit Hilfe des gesunden Menschenverstandes also – zu lösen ist. Außerdem ist die Common-sense-Lösung meiner Meinung nach weitaus interessanter und informativer – und sicherlich auch kreativer – als die algebraische Variante.

Also: Sechsundfünfzig Kekse sollen an zehn Katzen und Hunde verfüttert werden. Jeder Hund bekommt sechs Kekse und jede Katze fünf. Wie viele Hunde und wie viele Katzen gibt es?

Jeder Leser, der mit Algebra vertraut ist, kann das sofort herausbekommen. Aber die Aufgabe kann auch nach dem herkömmlichen Versuch-und-Irrtum-Verfahren gelöst werden: Es gibt elf Möglichkeiten hinsichtlich der Anzahl der Katzen (von Null bis Zehn) und jede Möglichkeit kann ausprobiert werden, bis die richtige Antwort gefunden ist. Doch wenn man das Problem im rechten Licht betrachtet, zeigt sich eine erstaunlich einfache Lösung, die weder Algebra noch die Versuch-und-Irrtum-Methode notwendig macht. Darum rate ich auch denen, die eine Antwort nach ihrer eigenen Methode gefunden haben, die Lösung nachzuschlagen.

6. Große und kleine Vögel

Hier noch ein anderes Rätsel, das entweder durch Algebra oder durch bloßes Nachdenken gelöst werden kann, und wieder bevorzuge ich den Gebrauch des gesunden Menschenverstandes.

Eine Tierhandlung verkauft große und kleine Vögel. Jeder große Vogel kostet doppelt soviel wie ein kleiner. Eine Dame kam nun in den Laden und kaufte fünf große Vögel und drei kleine. Wenn sie statt dessen drei große und fünf kleine gekauft hätte, hätte sie 20 Mark weniger bezahlt. Wieviel kostet jeder Vogel?

7. Was passiert, wenn man mit seinen Gedanken nicht bei der Sache ist

Die folgende Geschichte hat sich wirklich zugetragen:
Es ist bekannt, daß in jeder Gruppe von wenigstens 23 Personen die Wahrscheinlichkeit größer als 50% ist, daß zumindest zwei von ihnen am selben Tag Geburtstag haben. Einmal habe ich in einer Vorexamensklasse in Princeton Mathematik unterrichtet, und wir haben uns ein bißchen mit den Grundkenntnissen der Wahrscheinlichkeitstheorie beschäftigt. Ich erklärte den Studenten, daß bei 30 Personen anstatt bei 23 die Wahrscheinlichkeit, daß wenigstens zwei von ihnen am selben Tag Geburtstag feiern, sehr stark anwachsen würde.
»Nun«, fuhr ich fort, »da es in dieser Klasse nur neunzehn Studenten gibt, ist die Wahrscheinlichkeit sehr viel *geringer* als 50%, daß zwei von Ihnen am selben Tag Geburtstag haben.«
An dieser Stelle meldete sich ein Student und sagte: »Ich wette mit Ihnen, daß zumindest zwei von uns hier am selben Tag Geburtstag haben.«
»Es wäre wirklich nicht fair, die Wette anzunehmen«, erwiderte ich, »da die Wahrscheinlichkeit sehr stark zu meinen Gunsten ausfallen würde.«
»Das macht nichts«, entgegnete er, »ich wette trotzdem mit Ihnen.«
»Einverstanden«, stimmte ich zu und dachte daran, den Studenten eine schöne Lehre zu erteilen. Dann fing ich an, einen nach dem andern aufzurufen, damit sie ihren Geburtstag nannten, bis die Klasse und ich, nachdem wir zur Hälfte durch waren, in lautes Gelächter ausbrachen über meine Dummheit.
Der junge Mann, der, seines Erfolges so gewiß, die Wette eingegangen war, kannte von keinem der Anwesenden den Geburtstag, den seinen ausgenommen. Können Sie erraten, warum er seiner Sache so sicher war?

8. Republikaner und Demokraten

In einem Verein war jedes Mitglied entweder Republikaner oder Demokrat. Eines Tages beschloß einer der Demokraten, Republikaner zu werden, und als das geschehen war, gab es die gleiche Anzahl Republikaner wie Demokraten. Ein paar Wochen später beschloß der neue Republikaner, wieder Demokrat zu werden, und so standen die Dinge wieder wie vorher. Dann entschloß sich ein anderer Republikaner,

Demokrat zu werden, wodurch es doppelt so viele Demokraten wie Republikaner gab.
Wie viele Mitglieder besaß der Verein?

9. Eine neue Aufgabe nach Art der »verschiedenfarbigen Hüte«

Drei Personen – A, B und C – waren allesamt perfekte Logiker. Jeder konnte sofort sämtliche Folgerungen aus jeder Menge von Voraussetzungen ableiten. Jeder war sich auch im klaren, daß jeder der beiden anderen logisches Denken perfekt beherrschte. Man zeigte den Dreien sieben Marken: zwei rote, zwei gelbe und drei grüne. Dann band man ihnen die Augen zu und klebte jedem eine Marke auf die Stirn. Die restlichen Marken kamen in eine Schublade. Nachdem die Augenbinden abgenommen worden waren, fragte man A:
»Kennen Sie eine Farbe, die Sie bestimmt nicht haben?« – »Nein«, antwortete A. – Dann stellte man B dieselbe Frage, und er sagte: »Nein.«
Ist es möglich, von diesen Informationen auf die Farbe der Marke zu schließen, die A, B und C auf der Stirn trugen?

10. Für diejenigen, die Schachregeln kennen

Ich möchte Ihre Aufmerksamkeit auf eine packende Variante des Schachproblems lenken, die, anders als das herkömmliche Schachproblem – Weiß ist am Zug und matt in soundso vielen Zügen – eine Analyse des bereits geschehenen Spielverlaufs zur Voraussetzung hat, nämlich, wie die Position zustande kam.
Inspektor Craig von Scotland Yard (Inspektor Craig ist eine Figur meines letzten Buches mit Logikrätseln »Wie heißt dieses Buch?«), dessen Interesse an dieser Art von Problemstellungen ebenso groß war wie das von Sherlock Holmes (mein Buch »Schach mit Sherlock Holmes« enthält viele Rätsel dieser Art), ging eines Tages mit einem Freund in einen Schach-Club, wo sie an einem zurückgelassenen Schachbrett vorbeikamen.
»Wer auch immer diese Partie gespielt haben mag«, sagte der Freund, »er hat bestimmt nicht die Schachregeln beherrscht. Die Position ist völlig unmöglich!«

»Warum?« fragte Craig.
»Weil«, erwiderte der Freund, »Schwarz jetzt im Schach steht durch den weißen Turm und den weißen Läufer. Doch wie konnte Weiß diesen Zug überhaupt ausführen? Wenn er gerade den Turm gezogen hatte, dann mußte der schwarze König bereits vom Läufer mit Schach bedroht gewesen sein, und wenn er gerade den Läufer gezogen hatte, dann wäre der König bereits durch den Turm im Schach gewesen. Sie sehen also, die Position ist völlig unmöglich.«
Craig studierte eine Zeitlang die Anordnung. »Nein«, sagte er, »obwohl die Position außerordentlich seltsam ist, stimmt sie nach den Schachregeln.«
Craig hatte vollkommen recht. Obwohl aller Anschein eine gegenteilige Annahme nahelegt, entspricht die Anordnung tatsächlich den Möglichkeiten, und es kann abgeleitet werden, welcher der letzte Zug von Weiß war. Welcher war es?

Lösungen

1. Eine häufige falsche Antwort ist »zehn Mark«. Nun, vorausgesetzt, wir hätten jeder, sagen wir, fünfzig Mark. Wenn ich Ihnen zehn Mark geben würde, dann hätten Sie sechzig und ich nur noch vierzig; infolgedessen hätten Sie zwanzig Mark mehr als ich und nicht zehn. Die richtige Antwort ist »fünf Mark«.

2. Eine ziemlich häufige Antwort ist »fünfzig Bestechliche und fünfzig Unbestechliche«. Oft wird auch geantwortet: »einundfünfzig Unbestechliche und neunundvierzig Bestechliche«. Beide Antworten sind falsch. Nun, schauen wir mal, wie wir zu der richtigen Lösung kommen:

Vorausgesetzt wird, daß zumindest eine Person unbestechlich ist. Greifen wir uns irgendeine unbestechliche Person heraus, die, sagen wir, Frank heißt. Jetzt nehmen wir eine der verbleibenden neunundneunzig; wir nennen sie John. Gemäß der zweiten Voraussetzung ist wenigstens einer von zweien – Frank, John – bestechlich. Da Frank jedoch nicht bestechlich ist, muß es John sein. Da John beliebig jeden der restlichen neunundneunzig verkörpert, so muß jeder dieser neunundneunzig bestechlich sein. Damit lautet die Antwort, daß einer unbestechlich ist und neunundneunzig Politiker bestechlich sind.

Eine andere Beweisführung geht folgendermaßen: Die Behauptung, daß von je zwei Personen wenigstens eine bestechlich ist, bedeutet nicht mehr und nicht weniger, als daß von je zweien nicht beide unbestechlich sind; mit anderen Worten, beide Personen sind nicht unbestechlich; das heißt, daß höchstens eine unbestechlich ist. Auch ist (nach der ersten Bedingung) wenigstens eine unbestechlich. Somit ist genau eine Person unbestechlich.

Welchen Beweis ziehen Sie vor?

3. Eine häufige falsche Antwort ist »eine Mark«. Nun, wenn die Flasche wirklich eine Mark kosten würde, dann würde der Wein neun Mark mehr, also zehn Mark kosten. Somit würden Wein und Flasche zusammen elf Mark kosten. Die richtige Antwort ist, daß die Flasche fünfzig Pfennig und der Wein neun Mark fünfzig kosten. Beides macht zusammen zehn Mark.

4. Manche argumentieren folgendermaßen: Nachdem er die Ware für sieben Mark gekauft und für acht Mark verkauft hat, hat er eine Mark verdient. Wenn er dann die Ware für neun Mark zurückkauft, nachdem er sie für acht Mark verkauft hatte, verliert er eine Mark; an dieser Stelle steht es wieder gleich. Doch dann, so geht die Argumentation weiter, verkauft er für zehn Mark, was er für neun Mark gekauft hat. Er hat also eine Mark verdient. Somit ist sein Gesamtgewinn eine Mark.

Eine andere Überlegung führt zu der Schlußfolgerung, daß der Händler weder verdient noch verliert: Als er die Ware für acht Mark verkaufte, nachdem er sie für sieben Mark gekauft hat, verdiente er eine Mark. Doch dann verliert er zwei Mark, indem er neun Mark ausgibt, wofür er ursprünglich sieben Mark bezahlt hat, und hat an diesem Punkt eine Mark minus. Aber die bekommt er wieder, indem er die Ware für zehn Mark verkauft, für die er zuletzt neun bezahlt hat, und damit hat er nichts verdient.

Beide Argumentationen sind falsch; die richtige Antwort ist, daß der Händler zwei Mark verdient. Es gibt verschiedene Wege, zu diesem Ergebnis zu gelangen. Einer geht folgendermaßen:

Zuerst, nachdem er die Ware zu acht Mark verkaufte, für die er sieben Mark bezahlt hatte, machte er ganz klar einen Gewinn von einer Mark. Angenommen jetzt, er hätte anstelle derselben Ware, die er für neun Mark kaufte und für zehn Mark verkaufte, eine andere Ware erworben und veräußert, würde das vom rein geschäftlichen Aspekt irgendeinen Unterschied machen? Natürlich nicht! Offensichtlich hätte er dann durch Kauf und Verkauf dieses zweiten Artikels wieder eine Mark verdient. Somit hat er zwei Mark verdient.

Eine andere und sehr einfache Beweisführung: Die Gesamtausgaben des Händlers betragen sieben Mark und neun Mark = sechzehn Mark, und seine Gesamteinnahmen sind acht Mark und zehn Mark = achtzehn Mark. Das ergibt einen Gewinn von zwei Mark.

Für diejenigen, die durch diese Überlegungen noch nicht überzeugt sind: Nehmen wir an, der Händler hat eine bestimmte Summe Geldes – sagen wir, hundert Mark – zu Beginn des Tages, und er tätigt nur diese vier Geschäfte. Wieviel hat er am Ende des Tages? Nun, zuerst bezahlt er sieben Mark für die Ware, damit hat er noch 93 Mark übrig. Dann verkauft er die Ware für acht Mark, damit hat er 101 Mark. Als nächstes kauft er den Artikel für neun Mark zurück. Jetzt hat er nur noch 92 Mark. Schließlich verkauft er ihn für zehn Mark, und er hat 102 Mark. Damit hat er den Tag mit 100 Mark begonnen und am Abend 102 Mark in der Kasse. Kann also sein Gewinn anders sein als zwei Mark?

5. Die Lösung, die mir vorschwebt, geht so: Geben Sie zuerst jedem der Tiere fünf Kekse; damit bleiben sechs Kekse übrig. Nun haben die Katzen schon ihre Portion! Darum sind die restlichen sechs Kekse für die Hunde. Und da jeder Hund einen Keks mehr bekommt, muß es sechs Hunde geben und vier Katzen.

Natürlich können wir die Lösung überprüfen: Für sechs Hunde je sechs Kekse, macht 36 Kekse. Für vier Katzen jeweils fünf Kekse, macht zwanzig Kekse. Die Summe (36 + 20) beträgt 56 (und davon waren wir ausgegangen).

6. Da jeder große Vogel soviel kostet wie zwei kleine Vögel, kosten fünf große Vögel soviel wie zehn kleine. Also kosten auch fünf große und drei kleine Vögel soviel wie dreizehn kleine. Andererseits kosten drei große und fünf kleine Vögel soviel wie elf kleine. Somit ist der Unterschied zwischen dem Kauf von fünf großen und drei kleinen Vögeln einerseits und dem Kauf von drei großen und fünf kleinen andererseits genauso groß wie der Unterschied zwischen dem Kauf von dreizehn kleinen und elf kleinen Vögeln, nämlich zwei kleine Vögel. Wir wissen, daß die Differenz zwanzig Mark beträgt. Damit kosten zwei kleine Vögel zwanzig Mark; das heißt, für ein Vögelchen hatte die Dame zehn Mark zu zahlen.
Probieren wir's aus: Ein kleiner Vogel kostet zehn Mark und ein großer zwanzig. Darum beträgt die Rechnung der Dame 130 Mark für fünf große und drei kleine Vögel. Hätte sie drei große und fünf kleine gekauft, dann hätte sie 110 Mark ausgegeben, und das sind tatsächlich zwanzig Mark weniger.

7. Zu der Zeit, als ich die Wette des Studenten annahm, hatte ich völlig vergessen, daß zwei der Studenten, die immer nebeneinander saßen, eineiige Zwillinge waren.

8. Es gab zwölf Mitglieder, sieben Demokraten und fünf Republikaner.

9. Nur von C kann man die Farbe bestimmen. Wenn C's Marke rot gewesen wäre, dann hätte B durch folgende Überlegung gewußt, daß seine Marke nicht rot war: »Wenn meine Marke auch rot wäre, dann würde A zwei rote Marken sehen und wissen, daß seine Marke nicht rot ist. Aber A weiß nicht, daß seine Marke nicht rot ist. Darum kann meine Marke nicht rot sein.«
Daraus folgt, daß, wenn C's Marke rot gewesen wäre, B gewußt hätte, daß seine Marke nicht rot ist. Aber B wußte nicht, daß seine Marke nicht rot war, darum konnte C's Marke nicht rot gewesen sein.
Wenn man das Wort »rot« durch »gelb« ersetzt, zeigt dieselbe Argumentation, daß C's Marke auch nicht gelb war. Darum muß C's Marke grün sein.

10. Es ist nicht von vornherein bekannt, auf welcher Seite des Schachbretts Weiß beziehungsweise Schwarz das Spiel begonnen hat. Es mag wohl den *Anschein* haben, daß Weiß von unten nach oben spielte, doch wenn es *so* gewesen wäre, dann wäre die Anordnung unsinnig. Tatsache ist, daß Weiß von oben nach unten gespielt haben muß, und daß vor seinem letzten Zug die Anordnung so aussah:

Der Punkt im äußersten linken Feld steht für irgendeine schwarze Figur (entweder Dame, Turm, Läufer oder Springer; welche von diesen, können wir nicht herausbekommen). Der weiße Bauer schlägt jetzt diese schwarze Figur und ersetzt sie durch einen Turm, so daß es zu der gegenwärtigen Spielsituation kommt.

Natürlich könnte man jetzt mit Recht fragen: »Warum hat Weiß sich einen Turm statt eine Dame genommen; ist das nicht sehr unwahrscheinlich?« Wir müssen zugeben, daß es in der Tat sehr *unwahrscheinlich,* hingegen jeder andere letzte Zug nicht nur unwahrscheinlich, sondern unmöglich ist. Wie Sherlock Holmes so klug zu Watson sagte: »Was übrig bleibt, nachdem wir das Unmögliche ausgeschlossen haben, muß, wenn auch unwahrscheinlich, die Wahrheit sein.«

2

Damen oder Tiger?

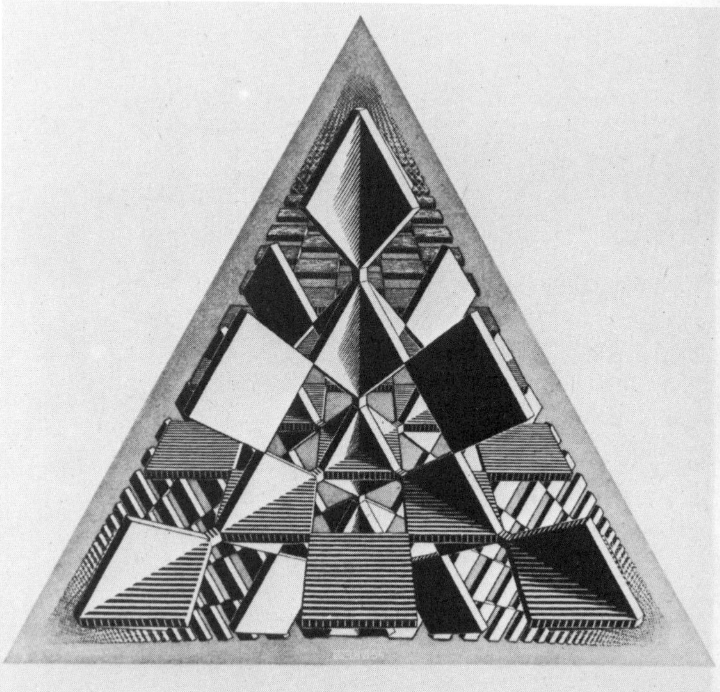

Viele von Ihnen kennen vielleicht schon Frank Stocktons Geschichte *Die Lady oder der Tiger?* Dort muß der Gefangene zwischen zwei Räumen wählen; in dem einen befindet sich eine Dame, im andern lauert ein Tiger. Wenn er ersteren wählt, kann er die Dame heiraten; wählt er letzteren, so wird er (wahrscheinlich) vom Tatzentier verspeist.
Der König eines nicht näher bestimmten Landes hatte diese Geschichte auch gelesen, und sie brachte ihn auf eine Idee: »Genau das richtige, um meine Gefangenen auf die Probe zu stellen!« sagte er eines Tages zu seinem Minister. »Nur will ich es nicht dem Zufall überlassen. Ich werde Schilder an den Türen zu den Räumen anbringen lassen und in jedem Einzelfall dem Gefangenen bestimmte Informationen zu den Schildern mitteilen. Wenn der Gefangene schlau ist und logisch schlußfolgern kann, rettet er sein Leben – und bekommt überdies noch eine hübsche Braut.«
»Ausgezeichnete Idee!« sagte der Minister.

Die Versuche des ersten Tages

Am ersten Tag fanden drei Versuche statt. Bei allen dreien erklärte der König den Gefangenen, daß in jedem der beiden Räume sich entweder eine Dame oder ein Tiger befände, aber es *könnte* sein, daß Tiger in beiden Räumen oder Damen in beiden Räumen oder eben auch möglicherweise in dem einen eine Dame und im andern ein Tiger wären.

1. Der erste Versuch

»Angenommen, in beiden Räumen sind Tiger«, fragte der Gefangene, »was mache ich dann?«
»Das ist dein Pech!« erwiderte der König.
»Und angenommen, in beiden Räumen sind Damen?« fragte der Gefangene.
»Das ist dann offensichtlich dein Glück«, entgegnete der König. »Die Antwort darauf hättest du sicher selbst erraten können.«
»Nun, und angenommen, in dem einen Raum befindet sich eine Dame und in dem andern ein Tiger, was passiert dann?« fragte der Gefangene zum dritten Mal.

»In diesem Fall macht es einen ganz schönen Unterschied, für welchen Raum du dich entscheidest, nicht wahr?«
»Woher weiß ich aber, für welchen ich mich entscheiden soll?« wollte der Gefangene wissen.
Der König zeigte auf die Schilder an den Türen, die zu den Räumen führten:

I	II
In diesem Raum ist eine Dame, und in dem anderen Raum ist ein Tiger.	In einem dieser Räume ist eine Dame, und in einem dieser Räume ist ein Tiger.

»Stimmt denn das, was auf den Schildern steht?« fragte der Gefangene.
»Ein Schild ist richtig«, erwiderte der König, »aber das andere ist falsch.«
Wenn *Sie* der Gefangene wären, welche Tür würden Sie öffnen (vorausgesetzt natürlich, daß Sie die Dame dem Tiger vorziehen)?

2. Der zweite Versuch

Der erste Gefangene rettete somit sein Leben und ging mit der Dame auf und davon. Dann wurden die Schilder an den Türen ausgewechselt und entsprechende neue Insassen für die Räume bestimmt. Diesmal lauteten die Schilder folgendermaßen:

I	II
Zumindest in einem dieser Räume ist eine Dame.	Im andern Raum befindet sich ein Tiger.

»Stimmt, was auf den Schildern steht?« fragte der zweite Gefangene.
»Sie sind entweder beide falsch oder beide richtig«, erwiderte der König.
Welchen Raum sollte der Gefangene wählen?

3. Der dritte Versuch

Nun erklärte der König, daß wiederum beide Schilder richtig oder falsch wären. Hier sind sie:

I	II
Entweder ist ein Tiger in diesem Raum oder eine Dame im andern.	Im andern Raum ist eine Dame.

Befindet sich im ersten Raum eine Dame oder ein Tiger? Und wie steht es mit dem andern Raum?

Die Versuche des zweiten Tages

»Das war wirklich ein Reinfall gestern«, sagte der König am zweiten Tag brummig zu seinem Minister. »Alle drei Gefangenen haben ihr Rätsel gelöst! Nun denn, heute stehen fünf Versuche an, und ich denke, ich mache sie ein wenig kniffliger.«

»Ausgezeichnete Idee!« sagte der Minister.

»Gut, in jedem der heutigen Versuche«, so erläuterte der König, »ist das Schild an der linken Tür (Raum I) richtig, wenn sich eine Dame dahinter befindet, doch es ist falsch, wenn ein Tiger im Zimmer ist. Im rechten Raum (Raum II) steht die Sache umgekehrt: eine Dame im Zimmer bedeutet, das Schild an der Tür ist falsch, und ein Tiger in dem Raum heißt, das Schild ist richtig. Wiederum besteht die Möglichkeit, daß in beiden Räumen Damen oder in beiden Tiger sind, oder daß sich in dem einen Raum eine Dame und in dem andern ein Tiger befindet.«

4. Der vierte Versuch

Nachdem der König dem Gefangenen die obigen Regeln erklärt hatte, wies er auf die beiden Schilder:

I	II
In beiden Räumen sind Damen	In beiden Räumen sind Damen

Welchen Raum sollte der Gefangene wählen?

5. Der fünfte Versuch

Es gelten dieselben Regeln, und die Schilder lauteten so:

I	II
Zumindest in einem Raum ist eine Dame	Im andern Raum ist eine Dame

Wie sollte der Gefangene sich entscheiden?

6. Der sechste Versuch

Von dieser und der folgenden Aufgabe war der König besonders angetan. So sahen die Schilder aus:

I	II
Die Wahl des Raumes ist egal	Im andern Raum ist eine Dame

Welche Tür sollte der Gefangene öffnen?

7. Der siebente Versuch

Dies waren die Schilder:

I	II
Die Wahl des Raumes ist entscheidend	Es ist günstiger, den andern Raum zu wählen

Nach welcher Türklinke sollte der Gefangene greifen?

8. Der achte Versuch

»Da sind ja überhaupt keine Schilder an der Tür!« rief der Gefangene erschrocken aus.
»Ganz richtig«, sagte der König und nickte. »Die Schilder sind gerade fertig geworden, und ich hatte noch keine Zeit, sie anzubringen.«
»Wie können Sie dann erwarten, daß ich mich entscheide?« zeterte der Gefangene.
»Also gut, hier sind die Hinweise«, entgegnete der König großmütig.

In diesem Raum ist ein Tiger

In beiden Räumen sind Tiger

»Das ist zwar sehr liebenswürdig«, bemerkte der Gefangene besorgt, »aber welches Schild kommt an welche Tür?«
Der König legte den Kopf schief und dachte ein bißchen nach. »Ich brauche dir das gar nicht mitzuteilen«, antwortete er. »Du kannst das Problem auch ohne diese Information lösen.« Und fügte hinzu: »Bedenke natürlich nur, eine Dame im linken Raum bedeutet, daß das Schild an der Tür richtig sein muß, und ein Tiger bedeutet, es ist falsch. Und für den rechten Raum gilt das Gegenteil.«
Wie heißt die Lösung?

Die Versuche des dritten Tages

»Zum Henker!« knirschte der König. »Wieder haben alle Gefangenen gewonnen! Ich glaube, morgen mache ich es mit *drei* Räumen anstatt zweien. Eine Dame kommt in einen Raum und jeweils ein Tiger in die beiden andern. Dann werden wir schon sehen, wie es den Gefangenen ergeht!«

»Ausgezeichnete Idee!« sagte der Minister.
»Eure Art der Konversation hat, obwohl sie mir gefallen will, ein wenig die Tendenz, sich zu wiederholen!« rief der König aus.
»Trefflichst bemerkt!« sagte der Minister.

9. Der neunte Versuch

Nun, am dritten Tag tat der König wie geplant. Da gab es drei Räume, zwischen denen zu wählen war, und er erklärte dem Gefangenen, daß in einem Raum die Dame sei und daß sich in den andern beiden Tiger befänden. Dies waren die Schilder:

I	II	III
In diesem Raum ist ein Tiger	In diesem Raum ist eine Dame	In Raum II ist ein Tiger

Der König wies noch schnell darauf hin, daß höchstens eines der drei Schilder richtig sei. In welchem Raum ist nun die Dame?

10. Der zehnte Versuch

Wieder handelte es sich um eine Dame und zwei Tiger. Der König erklärte dem Gefangenen, daß das Schild zu dem Raum, in dem sich die Dame befände, richtig sei und wenigstens eines der andern beiden Schilder falsch.
Die Schilder lauteten so:

I	II	III
In Raum II ist ein Tiger	In diesem Raum ist ein Tiger	In Raum I ist ein Tiger

Welche Tür sollte der Gefangene öffnen?

11. Erste, zweite und dritte Wahl

Bei diesem etwas seltsam erscheinenden elften Versuch erklärte der König dem Gefangenen, daß sich in einem der drei Räume eine Dame befände, im andern ein Tiger, und der dritte Raum wäre leer. Das Schild zu dem Raum mit der Dame wäre richtig, das Schild zum Raum mit dem Tiger falsch, und das Schild zu dem leeren Zimmer könnte entweder falsch oder richtig sein. Hier sind die Schilder:

I	II	III
Raum III ist leer	In Raum I ist der Tiger	Dieser Raum ist leer

Nun kannte der Gefangene zufällig die betreffende Dame und wünschte sich, sie zu heiraten. Deshalb fiel seine erste Wahl auf den Raum mit der Dame, obwohl er den leeren Raum natürlich auch dem mit dem Tiger vorgezogen hätte.
In welchem Raum ist die Dame und in welchem der Tiger? Wenn Sie diese beiden Fragen beantworten können, dürften Sie es nicht mehr schwierig finden zu sagen, welcher Raum leer ist.

Der vierte Tag

»Entsetzlich!« stöhnte der König. »Mir scheint, ich kann meine Rätsel nicht schwer genug machen, um diese Burschen hereinzulegen. Nun, wir haben nur noch einen Versuch, den zwölften, aber diesmal soll der Gefangene *wirklich* nichts umsonst bekommen!«
»Ausgezeichnete Idee«, sagte der Minister.

12. Ein logisches Labyrinth

Nun, der König stand zu seinem Wort. Anstatt den nächsten Gefangenen zwischen drei Räumen wählen zu lassen, gab er ihm neun. Seinen Erläuterungen zufolge war nur in einem Raum eine Dame; jeder

der übrigen acht war entweder leer, oder ein Tiger befand sich darin. Und der König fügte hinzu, daß das Schild zu dem Raum mit der Dame richtig sei, die Schilder zu den Räumen mit Tigern falsch und die Schilder zu den leeren Räumen entweder richtig oder falsch.
Dies waren die Schilder:

I Die Dame ist in einem Raum mit ungerader Zahl	II Dieser Raum ist leer	III Entweder ist Schild V richtig, oder Schild VII ist falsch
IV Schild I ist falsch	V Entweder Schild II oder Schild IV ist richtig	VI Schild III ist falsch
VII Die Dame ist nicht in Raum I	VIII In diesem Raum ist ein Tiger, und Raum IX ist leer	IX In diesem Raum ist ein Tiger, und Schild VI ist falsch

Der Gefangene dachte lange über die Situation nach.
»Das Problem ist unlösbar!« rief er ärgerlich aus. »Das ist nicht fair!«
»Ich weiß«, lachte der König.
»Sehr witzig!« entgegnete der Gefangene. »Doch jetzt mal ehrlich, gebt mir wenigstens einen bescheidenen Anhaltspunkt: Ist Raum VIII leer oder nicht?«
Der König war anständig genug, ihm zu sagen, ob Raum VIII leer war oder nicht, und der Gefangene sah sich alsdann in der Lage herauszufinden, wo sich die Dame befand.
In welchem Raum war sie?

Lösungen

1. Uns ist bekannt, daß eines der beiden Schilder richtig und das andere falsch ist. Könnte es sein, daß das erste richtig und das zweite falsch ist? – Natürlich nicht, denn wenn das erste Schild richtig ist, dann muß das zweite auch richtig sein – mit anderen Worten, wenn die Dame in Raum I ist und der Tiger im Raum II, dann trifft auch die Feststellung zu, daß in einem der Räume eine Dame und in dem andern ein Tiger ist. Da es nicht sein kann, daß das erste Schild richtig und das zweite Schild falsch ist, muß das zweite Schild richtig und das erste falsch sein. Da das zweite Schild richtig ist, befindet sich die Dame tatsächlich in einem der Räume und der Tiger im andern. Und da das erste Schild falsch ist, muß der Tiger in Raum I und die Dame in Raum II sein. Darum hat sich der Gefangene für Raum II entschieden.

2. Wenn Schild II falsch ist, dann ist die Dame in Raum I. Folglich befindet sich in wenigstens einem der Räume eine Dame, wodurch sich Schild I als richtig erweist. Daher ist es unmöglich, daß beide Schilder falsch sind (denn uns ist bekannt, daß sie entweder beide richtig oder falsch sind). Somit befindet sich ein Tiger in Raum I und eine Dame in Raum II; der Gefangene hat letzteren gewählt.

3. Der König muß diesmal in einer großzügigen Stimmung gewesen sein, denn in beiden Zimmern befindet sich eine Dame. Wir beweisen dies folgendermaßen:
Schild I sagt ja genaugenommen, daß *wenigstens* eine der folgenden Alternativen zutrifft: *In Raum I ist ein Tiger – in Raum II ist eine Dame.* (Das Schild schließt nicht die Möglichkeit aus, daß beide Alternativen stimmen.)
Wenn nun Schild II falsch ist, dann befindet sich ein Tiger in Raum I, wodurch sich das erste Schild als richtig erweist (da dann die erste Alternative zutrifft). Aber wir wissen, daß nicht ein Schild richtig und das andere falsch sein kann. Wenn daher Schild II richtig ist, müssen beide Schilder richtig sein. Und wenn Schild II richtig ist, befindet sich im Raum I eine Dame. Das bedeutet, daß die erste Alternative von Schild I falsch ist. Doch da wenigstens eine der Alternativen richtig ist, muß es die zweite sein. Darum befindet sich auch im Raum II eine Dame.

4. Da beide Schilder dasselbe aussagen, sind sie entweder beide richtig oder falsch. Vorausgesetzt, sie sind richtig, dann befindet sich eine Dame in beiden Zimmern. Dies würde insbesondere bedeuten, daß in Raum II eine Dame ist. Doch vorausgesetzt wurde, daß das Schild falsch ist, wenn sich in Raum II eine Dame befindet. Dies ist ein Widerspruch, so daß die Schilder nicht richtig sein können. Sie sind beide falsch. Daher ist in Raum I ein Tiger und in Raum II eine Dame.

5. Wenn im ersten Raum ein Tiger ist, gelangen wir in einen Widerspruch. Denn wenn tatsächlich ein Tiger darin wäre, dann wäre das erste Schild falsch, was bedeuten würde, daß in keinem der Räume eine Dame wäre. In beiden wäre ein Tiger. Doch wir wissen, daß ein Tiger im zweiten Raum die Annahme erfordert, daß Schild II richtig ist. Das würde heißen, daß sich im andern Raum eine Dame befindet, also das Gegenteil zu der Annahme, im ersten Raum sei ein Tiger. Somit ist es unmöglich, daß im ersten Raum ein Tiger ist; es muß sich eine Dame darin befinden. Darum ist das zweite Schild an der Tür richtig, und im Raum dahinter befindet sich ein Tiger. Also ist im ersten Raum eine Dame und im zweiten ein Tiger, den der Gefangene weiterhungern ließ.

6. Tatsächlich besagt das erste Schild, daß in beiden Räumen entweder Damen oder Tiger sind, – die einzige Möglichkeit, derzufolge es egal ist, welchen Raum man wählt.
Angenommen, im ersten Raum wartet eine Dame. Dann ist das erste Schild richtig, und das bedeutet, daß sich auch im zweiten Raum eine Dame befindet. Nehmen wir andererseits an, im ersten Raum lauert ein Tiger. Dann wäre das erste Schild falsch, woraus zu folgern ist, daß die Insassen nicht gleich sind, also wiederum eine Dame im zweiten Raum sein muß. Das beweist, daß sich in Raum II eine Dame befindet, unabhängig davon, wer sich in Raum I aufhält. Da in Raum II eine Dame wartet, ist Schild II falsch, und in Raum I muß ein Tiger sein.

7. Das erste Schild besagt ja, daß die beiden Insassen der Räume verschieden sind (eine Dame einerseits und ein Tiger andererseits), aber es geht nicht daraus hervor, wer sich in welchem Raum befindet. Wenn in Raum I eine Dame ist, dann ist das Schild richtig; somit muß sich in Raum II ein Tiger befinden. Wenn andererseits in Raum I ein Tiger ist, dann ist das erste Schild falsch, woraus hervorgeht, daß die beiden

Insassen nicht verschieden sind. Demnach muß in Raum II auch ein Tiger sein. Somit befindet sich in Raum II ganz bestimmt ein Tiger. Das bedeutet, daß das zweite Schild richtig ist und sich die Dame im ersten Raum befindet, dessen Tür der Gefangene auch folgerichtig öffnet.

8. Vorausgesetzt, das obere Schild *In diesem Raum ist ein Tiger* wäre an der Tür zu Raum I. Befände sich nun eine Dame in diesem Raum, so wäre das Schild falsch, was den Voraussetzungen widerspricht, die der König genannt hatte. Wenn ein Tiger in dem Raum lauerte, dann wäre das Schild zwar richtig, widerspräche aber erneut den Voraussetzungen des Königs. Also kann das Schild nicht an der ersten Tür sein, es gehört zur zweiten. Das bedeutet, das untere Schild kommt an die erste Tür.
Das Schild, das zur ersten Tür gehört, lautet: *In beiden Räumen sind Tiger.* Somit kann in dem ersten Raum keine Dame sein, oder das Schild wäre richtig, was wiederum bedeutet, daß sich in beiden Räumen Tiger befänden, – offensichtlich ein Widerspruch. Darum ist im ersten Raum ein Tiger. Hieraus folgt, daß das Schild falsch ist und sich die Dame deshalb im zweiten Raum befindet.

9. Die Schilder II und III widersprechen einander, darum ist zumindest eines von ihnen richtig. Wenn höchstens eines der drei Schilder stimmt, dann muß das erste falsch sein. Somit ist die Dame in Raum I.

10. Wenn das Schild zu dem Zimmer, in dem sich die Dame befindet, richtig ist, dann kann die Dame mit Sicherheit nicht in Raum II sein. Wenn sie in Raum III wäre, dann müßten alle drei Schilder stimmen, was der Voraussetzung widerspricht, daß zumindest ein Schild falsch ist. Deshalb befindet sich die Dame in Raum I (und Schild II ist richtig und Schild III falsch).

11. Stimmt das Schild zu dem Raum, in dem sich die Dame befindet, dann kann sie nicht in Raum III sein.
Angenommen, sie ist in Raum II, dann würde Schild II stimmen. Demzufolge wäre der Tiger in Raum I, und Raum III wäre leer. Dies würde bedeuten, daß das Schild zu dem Raum mit dem Tiger richtig wäre, was nicht möglich ist. Deshalb ist die Dame in Raum I, Raum III muß leer sein, und der Tiger befindet sich in Raum II.

12. Hätte der König dem Gefangenen gesagt, daß Raum VIII leer ist, dann wäre es für den Gefangenen unmöglich gewesen, die Dame zu finden. Da der Gefangene tatsächlich herausbekam, wo die Dame war, muß der König ihm gesagt haben, daß Raum VIII nicht leer ist, und der Gefangene ging in seinen Überlegungen folgendermaßen vor:
Die Dame kann unmöglich in Raum VIII sein, denn wenn sie dort wäre, dann würde Schild VIII stimmen. Doch auf dem Schild steht, daß ein Tiger in dem Raum ist. Das ist ein Widerspruch. Die Dame ist also nicht in Raum VIII. Dieser Raum ist aber auch nicht leer. Darum muß ein Tiger darin sein. Wenn da aber ein Tiger lauert, dann ist das Schild falsch. Wäre Raum IX also leer, dann würde Schild VIII stimmen. Darum kann Raum IX nicht leer sein.
Raum IX ist also nicht leer. Die Dame kann nicht darin sein, sonst wäre das Schild richtig. Das würde bedeuten, daß in dem Raum ein Tiger ist, was wiederum heißt, daß Schild IX falsch ist. Wenn Schild VI wirklich falsch wäre, dann würde Schild IX stimmen, was nicht möglich ist. Darum ist Schild VI richtig.
Wenn Schild VI richtig ist, dann ist Schild III falsch. Schild III kann aber nur falsch sein, wenn Schild V falsch und Schild VII richtig sind. Wenn Schild V falsch ist, dann sind die Schilder II und IV falsch. Wenn Schild IV falsch ist, dann muß Schild I richtig sein.
Jetzt weiß ich, dachte der Gefangene, welche Schilder richtig und welche falsch sind, nämlich:

I – richtig	IV – falsch	VII – richtig
II – falsch	V – falsch	VIII – falsch
III – falsch	VI – richtig	IX – falsch

Ich weiß nunmehr, daß die Dame entweder in Raum I, VI oder VII ist, da alle andern Räume falsche Schilder tragen. Da Schild I richtig ist, kann die Dame nicht in Raum VI sein. Da Schild VII stimmt, kann sie sich nicht in Raum I befinden. Sie ist also in Raum VII, dachte der Gefangene zu Ende, ging hinein und holte seine Dame.

3

Die Klinik von Doktor Teer und Professor Feder

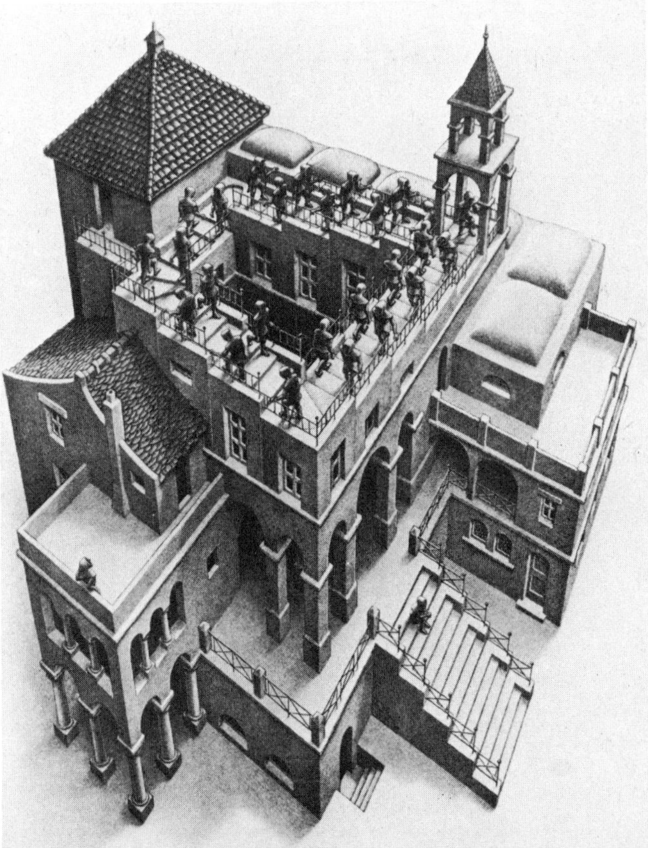

Inspektor Craig von Scotland Yard wurde nach Frankreich gerufen, um dort Untersuchungen in bestimmten Kliniken für Geistesgestörte anzustellen, in denen – Verlautbarungen zufolge – etwas nicht ganz in Ordnung war. Die Bewohner einer jeden Klinik setzten sich nur aus Patienten und Ärzten zusammen – das heißt die Ärzte bildeten den gesamten Mitarbeiterstab. Jeder Bewohner in jeder dieser Kliniken, Arzt wie Patient, war entweder ›normal‹ (also geistig gesund) oder ›verrückt‹. Mehr noch, die Normalen waren völlig in Ordnung und in all ihren Überzeugungen hundertprozentig fehlerfrei; richtige Verhältnisse erkannten sie als richtig, und falsche Verhältnisse durchschauten sie als falsch. Die ›Verrückten‹ waren in ihren Meinungsbildungen völlig fehlgeleitet; alle richtigen Verhältnisse betrachteten sie als falsch und alle falschen als richtig. Es muß ferner angenommen werden, daß alle Bewohner aufrichtig waren, – was immer sie sagten, sie glaubten wirklich daran.

1. Die erste Klinik

In der ersten Klinik, die Inspektor Craig besuchte, sprach er nacheinander mit zwei Bewohnern, die Jones und Smith hießen.
»Erzählen Sie mir doch mal«, bat Inspektor Craig Mr. Jones, »was wissen Sie über Mr. Smith?«
»Sie sollten ihn *Doktor* Smith nennen«, antwortete Mr. Jones. »Er ist einer der Ärzte unseres Mitarbeiterkreises.«
Ein wenig später traf Inspektor Craig Mr. Smith und fragte ihn: »Was wissen Sie über Mr. Jones? Ist er ein Patient oder ein Arzt?«
»Er ist ein Patient«, entgegnete Mr. Smith.
Der Inspektor grübelte eine Weile über diese Situation nach und sah dann ein, daß wirklich etwas nicht mit dieser Klinik stimmte: Entweder war einer der Ärzte geistesgestört und hätte demnach hier nicht arbeiten sollen, oder, was noch schlimmer war, einer der Patienten war gesund und man hätte ihn hier nicht festhalten dürfen.
Wie konnte Inspektor Craig dies wissen?

2. Die zweite Klinik

In der folgenden Klinik, die Mr. Craig besuchte, machte einer der Bewohner eine Bemerkung, aus der der Inspektor schließen konnte, daß der Betreffende ein gesunder Patient sein mußte und demzufolge nicht hierhin gehörte.
Inspektor Craig unternahm alsdann entsprechende Schritte zu seiner Entlassung.
Können Sie eine Aussage dieser Art erraten?

3. Die dritte Klinik

Hier machte nach einiger Zeit ein Bewohner eine Aussage, aus der Inspektor Craig schließen konnte, daß es sich um einen geistesgestörten Doktor handelte.
Was hat der Mediziner wohl gesagt?

4. Die vierte Klinik

Kurz nach seiner Ankunft fragte Inspektor Craig einen der Bewohner: »Sind Sie ein Patient?« Jener antwortete: »Ja.«
Stimmt etwas notwendigerweise nicht mit dieser Anstalt?

5. Die fünfte Klinik

Inspektor Craig fragte einen der Bewohner im Garten der Klinik: »Sind Sie ein Patient?« Jener erwiderte: »Ich glaube das.«
Stimmt etwas notwendigerweise auch mit dieser Klinik nicht?

6. Die sechste Klinik

Im sehr modernen Speisesaal fragte Inspektor Craig einen seiner Tischnachbarn: »Glauben Sie, daß Sie ein Patient sind?« Der Betreffende antwortete: »Ich glaube, das glaube ich.«
Was stimmt denn hier nun wieder nicht?

7. Die siebente Klinik

Inspektor Craig fand die nächste Klinik noch interessanter. Er begegnete zwei Bewohnern, A und B, und fand heraus, daß A glaubte, daß B geistesgestört sei, und B glaubte, daß A ein Arzt sei. Inspektor Craig ergriff sodann entsprechende Maßnahmen, um einen von beiden aus der Klinik zu entlassen. Welchen und warum?

8. Die achte Klinik

Die folgende Klinik erwies sich als ein wirkliches Problem, doch Inspektor Craig gelang es schließlich, der Sache auf den Grund zu gehen. Er fand heraus, daß folgende Bedingungen gegeben waren:

1. Von je zwei Bewohnern, A und B, vertraut A dem B oder mißtraut ihm.
2. Einige der Bewohner sind die *Lehrer* von anderen Bewohnern. Jeder Bewohner hat wenigstens einen Lehrer.
3. Kein Bewohner A ist bereit, einen Bewohner B zu unterrichten (das heißt B's Lehrer zu sein), bevor A glaubt, daß B sich selbst vertraut.
4. Für jeden Bewohner A gibt es einen Bewohner B, der ausschließlich all denen vertraut, die zumindest einen Lehrer haben, dem A vertraut. Mit anderen Worten: B traut jedem Bewohner X, wenn A einem – oder mehreren – Lehrer(n) von X traut, und B traut X nicht, bevor A nicht einem – oder mehreren – Lehrer(n) von X traut.
5. Es gibt einen Bewohner, der allen Patienten, aber keinem Arzt vertraut.

Inspektor Craig dachte lange Zeit darüber nach und war schließlich in der Lage zu beweisen, daß entweder einer der Patienten normal oder einer der Ärzte verrückt war. Finden Sie den Beweis?

9. Die neunte Klinik

In dieser Klinik befragte Inspektor Craig vier Bewohner: A, B, C und D. A glaubte, daß B und C hinsichtlich ihrer Normalität gleich wären. B glaubte, daß A und D hinsichtlich ihrer Normalität gleich wären.

Dann fragte Inspektor Craig C: »Sind Sie und D Ärzte?« C erwiderte: »Nein!«
Stimmt da irgend etwas nicht mit dieser Klinik?

10. Die zehnte Klinik

Inspektor Craig fand diesen Fall besonders interessant, obgleich es schwer war, ihn zu lösen. Als erstes entdeckte er, daß die Bewohner der Klinik verschiedene Gruppen gebildet hatten. Ärzte und Patienten, so erfuhr er, konnten derselben Gruppe angehören, und normale und verrückte Personen konnten ein und dieselbe Gruppe bilden. Alsdann fand Inspektor Craig folgende Tatsachen heraus:

1. Alle Patienten bildeten eine Gruppe.
2. Alle Ärzte bildeten eine Gruppe.
3. Jeder Bewohner hatte mehrere Freunde in der Klinik und unter diesen einen, der sein bester Freund war. Desgleichen hatte jeder Bewohner mehrere Feinde in der Klinik und unter ihnen einen, der als sein schlimmster Feind galt.
4. Nehmen wir irgendeine Gruppe C. Alle Bewohner, deren bester Freund in C war, bildeten eine Gruppe. Und alle Bewohner, deren schlimmster Feind in C war, bildeten ebenso eine Gruppe.
5. Nehmen wir zwei beliebige Gruppen: Gruppe 1 und Gruppe 2. Es gab zumindest einen Bewohner, nämlich D, dessen bester Freund glaubte, daß D Gruppe 1 angehörte, während sein schlimmster Feind glaubte, daß D Gruppe 2 zuzuzählen sei.

Dadurch, daß Inspektor Craig all diese Tatsachen zusammentrug, entdeckte er einen genialen Beweis dafür, daß entweder einer der Ärzte verrückt oder einer der Patienten normal war. Woher konnte er das wissen?

11. Ein weiteres Rätsel

Inspektor Craig verweilte eine Zeitlang in der zehnten Klinik, weil noch gewisse Fragen sein theoretisches Interesse weckten. Zum Beispiel wollte er gerne wissen, ob alle normalen Insassen eine Gruppe und alle verrückten eine andere Gruppe bildeten. Er konnte diese Fragen nicht auf der Grundlage der Tatsachen 1, 2, 3, 4 und 5 klären, doch es gelang ihm zu beweisen – und zwar genau aufgrund der Tatsachen 3,

4 und 5 –, daß es nicht für *beide* Personenkreise möglich war, Gruppen zu bilden. Wie gelang ihm dieser Beweis?

12. Noch ein Problem in derselben Klinik

Schließlich vermochte Inspektor Craig noch etwas anderes in dieser merkwürdigen Klinik zu beweisen. Er sah dies als sehr wichtig an, und in der Tat vereinfachte es die Lösungen der letzten beiden Probleme. Wenn man nämlich von zwei beliebigen Gruppen ausging, Gruppe 1 und Gruppe 2, so gab es einen Bewohner E und einen Bewohner F, die folgendes glaubten: E nahm an, daß F Gruppe 1 angehörte, und F glaubte, daß E Gruppe 2 zuzurechnen wäre. Wodurch konnte Inspektor Craig das beweisen?

13. Die Klinik von Doktor Teer und Professor Feder

Die Klinik, die Inspektor Craig abschließend besuchte, erlebte er als die verrückteste von allen. Sie wurde von zwei Ärzten geleitet, Dr. Teer und Prof. Feder. Zum Kollegenkreis gehörten jedoch noch weitere Ärzte. Nun wurde ein Bewohner der Klinik als *absonderlich* bezeichnet, wenn er glaubte, ein Patient zu sein. Und einen Bewohner bezeichnete man als *besonders*, wenn alle Patienten glaubten, daß er ›absonderlich‹ wäre, jedoch kein Arzt ihn dafür hielt.

Inspektor Craig fand nun heraus, daß zumindest einer der Patienten gesund war, und daß folgende Bedingung galt:

Bedingung C: Jeder Bewohner hatte in der Klinik einen allerbesten Freund. Darüber hinaus galt für die zwei Bewohner A und B, daß, wenn A glaubte, B wäre ›besonders‹, A's bester Freund glaubte, daß B ein Patient sei.

Kurze Zeit nach dieser Entdeckung führte Inspektor Craig zwei private Unterredungen mit Dr. Teer und Prof. Feder. Hier ist das Gespräch mit Dr. Teer:

Insp. Craig: Sagen Sie mir, Dr. Teer, sind alle Ärzte dieser Klinik normal?

Dr. Teer: Natürlich sind sie das.

Insp. Craig: Und die Patienten? Sind sie alle gestört?

Dr. Teer: Wenigstens einer von ihnen.

Die zweite Antwort überraschte Inspektor Craig ob der darin zum

Ausdruck kommenden Zurückhaltung. Sicher, wenn alle Patienten gestört waren, dann ist auch richtig, daß wenigstens einer von ihnen gestört war. Doch warum verhielt sich Dr. Teer so vorsichtig?
Inspektor Craig hatte danach sein Gespräch mit Prof. Feder, das folgendermaßen verlief:

Insp. Craig: Dr. Teer hat gesagt, daß zumindest einer Ihrer Patienten gestört sei. Das stimmt sicherlich, nicht wahr?

Prof. Feder: Natürlich stimmt das. Alle Patienten in unserer Klinik sind gestört. Glauben Sie vielleicht, wir sind ein Sanatorium?

Insp. Craig: Wie steht es mit den Ärzten? Sind sie alle normal?

Prof. Feder: Wenigstens einer von ihnen.

Insp. Craig: Und Dr. Teer, ist er normal?

Prof. Feder: Natürlich! Was erlauben Sie sich, mir eine solche Frage zu stellen?

An diesem Punkt des Gesprächs begriff Inspektor Craig das ganze grauenhafte Ausmaß der hier herrschenden Zustände.
Wie sah die Situation aus?

(Diejenigen, die die Erzählung »Das System des Doktors Teer und Professors Feder« von Edgar Allan Poe kennen, werden vermutlich die Lösung erraten, noch bevor sie deren Stimmigkeit nachgewiesen haben; sie sollten sich aber dennoch die Anmerkung im Anschluß an die Lösungen zu Gemüte führen.)

Lösungen

1. Wir wollen nachweisen, daß entweder Jones oder Smith (wir wissen nicht, welcher von beiden) entweder ein verrückter Arzt oder ein normaler Patient sein muß (doch welches von beidem, können wir nicht sagen).
Jones ist entweder normal oder verrückt. Angenommen, er ist normal, dann stimmt, was er glaubt; infolgedessen ist Smith ein Arzt. Wenn Smith normal ist, dann stimmt, was er glaubt. Das bedeutet, Jones ist ein Patient, und zwar ein normaler Patient (da wir angenommen haben, daß Jones normal ist).
Damit ist bewiesen, daß Jones, vorausgesetzt, er ist normal, ein normaler Patient ist, oder aber Smith ist ein verrückter Arzt.

Angenommen, Jones ist verrückt. Dann stimmt nicht, was er glaubt, so daß Smith ein Patient sein muß. Wenn Smith normal ist, dann ist er ein normaler Patient. Wenn Smith verrückt ist, dann ist alles falsch, was er glaubt, so daß Jones ein Arzt sein muß, jedoch ein verrückter Arzt. Somit ist bewiesen, daß Jones, vorausgesetzt, er ist verrückt, ein verrückter Arzt sein muß, oder aber Smith ist ein normaler Patient.
Um es noch einmal zusammenzufassen: Vorausgesetzt, Jones ist normal, dann ist er ein normaler Patient, oder aber Smith ist ein verrückter Arzt. – Vorausgesetzt, Jones ist verrückt, dann ist er entweder ein verrückter Arzt, oder aber Smith ist ein normaler Patient.

2. Mehrere Lösungen sind möglich. Die einfachste, die mir einfällt, wäre, daß der Bewohner sagt: »Ich bin kein ›normaler‹ Arzt.« Der Beweis, daß der Sprecher ein normaler Patient sein muß, geht dann folgendermaßen:
Ein verrückter Arzt könnte nicht guten Glaubens behaupten, kein normaler Arzt zu sein. Ein normaler Arzt könnte nicht fälschlicherweise äußern, kein normaler Arzt zu sein. Ein verrückter Patient könnte nicht ehrlich behaupten, kein normaler Arzt zu sein (ein verrückter Patient ist in der Tat *kein* normaler Arzt). Also war der Sprecher ein normaler Patient, und seine Annahme, kein normaler Arzt zu sein, war völlig korrekt.

3. Eine Bemerkung dieser Art, die passen würde, wäre: »Ich bin ein verrückter Patient.« Ein normaler Patient könnte nicht die falsche Tatsache behaupten, ein verrückter Patient zu sein. Ein verrückter Patient könnte nicht aufrichtig sagen, ein verrückter Patient zu sein. Darum war der Sprecher kein Patient, sondern ein Arzt. Ein normaler Arzt könnte niemals glauben, daß er ein verrückter Patient wäre. Also war der Sprecher ein verrückter Arzt, der fälschlicherweise glaubte und behauptete, ein verrückter Patient zu sein.

4. Der Sprecher glaubt, ein Patient zu sein. Vorausgesetzt, er ist normal, dann ist er wirklich ein Patient, jedoch ein normaler Patient, der nicht in die Anstalt gehört. Wenn er verrückt ist, dann stimmt nicht, was er glaubt, und das bedeutet, daß er kein Patient, sondern ein Arzt ist. Doch insofern ist er ein verrückter Arzt, der dort nicht arbeiten dürfte. Man kann nicht sagen, ob er ein normaler Patient oder ein verrückter Arzt ist, doch in keinem der beiden Fälle ist sein Platz in dieser Klinik.

5. Dies ist eine sehr schwierige Situation. Gerade weil der Sprecher *sagt*, daß er glaube, ein Patient zu sein, bedeutet das nicht notwendigerweise, daß er *wirklich* glaubt, ein Patient zu sein! Da er sagt, er glaube, ein Patient zu sein, und vorausgesetzt, er ist aufrichtig, so *glaubt* er, daß er glaubt, daß er ein Patient ist. Angenommen, er ist verrückt, dann sind seine Glaubensbekundungen alle falsch – auch darüber, was er glaubt. Wenn er also zu verstehen gibt, er glaube, daß er glaube, ein Patient zu sein, so deutet das darauf hin, daß es nicht stimmt, daß er ein Patient zu sein glaubt, und daß er eigentlich glaubt, ein Arzt zu sein. Und da er verrückt ist und glaubt, ein Arzt zu sein, so ist er in Wirklichkeit ein Patient. Und wenn er verrückt ist, so ist er ein verrückter Patient.
Nehmen wir andererseits an, er ist normal. Wenn er also glaubt zu glauben, ein Patient zu sein, dann stimmt es, daß er glaubt, daß er ein Patient ist. Da er glaubt, ein Patient zu sein, so ist er das auch. Darum handelt es sich wieder um einen Patienten, diesmal unter der Annahme, daß er normal ist. Wir stellen demnach fest, daß es sich entweder um einen normalen oder um einen verrückten Patienten handelt, und haben keinerlei Grund anzunehmen, daß etwas in dieser Anstalt nicht stimmt.
Allgemeiner ausgedrückt, halten wir noch einmal folgende Grundtatsachen fest: Wenn ein Bewohner dieser Klinik etwas glaubt, dann hängt die Richtigkeit oder Falschheit dieser Bekundung davon ab, ob der Betreffende normal oder verrückt ist. Doch wenn ein Bewohner glaubt, etwas zu glauben, dann muß es richtig sein, ganz gleich, ob der Betreffende normal oder verrückt ist. (Wenn er verrückt ist, dann heben die beiden Glaubensbekundungen einander auf, analog zur Negation einer Negation, die einer Affirmation entspricht.)

6. In diesem Fall behauptet der Sprecher weder, ein Patient zu sein, noch zu glauben, ein solcher zu sein. Er behauptet, daß er glaube zu glauben, ein Patient zu sein. Da er glaubt, was er behauptet, glaubt er somit zu glauben, daß er glaubt, ein Patient zu sein. Die beiden ersten Bekundungen heben einander auf (vgl. den letzten Abschnitt der Lösung zur fünften Aufgabe), so daß er tatsächlich glaubt, ein Patient zu sein. Das Problem vereinfacht sich damit zu dem der vierten Klinik, das wir bereits gelöst haben (der Sprecher muß entweder ein normaler Patient oder ein verrückter Arzt sein).

7. Inspektor Craig veranlaßte, daß A entlassen wurde. *Warum?* Angenommen, A ist normal. Dann ist seine Überzeugung richtig, daß B verrückt ist. Wenn B verrückt ist, dann ist seine Annahme falsch, daß A ein Arzt ist. Demnach ist A ein normaler Patient und sollte entlassen werden. Nehmen wir andererseits an, daß A verrückt ist, dann ist seine Annahme falsch, daß B verrückt ist. Also ist B normal. Somit würde stimmen, was B glaubt, und A wäre Arzt. Aber in diesem Falle wäre A ein verrückter Arzt, der entlassen werden müßte.
Über B kann nichts abgeleitet werden.

8. Bedingung 5 zufolge gibt es einen Bewohner – nennen wir ihn Arthur, – der allen Patienten, aber keinem Arzt traut. Nach Bedingung 4 gibt es einen Bewohner – nennen wir ihn Bill –, der all den Bewohnern traut, die zumindest einen Lehrer haben, dem Arthur traut. Für jeden Bewohner X bedeutet das, daß, wenn Bill X vertraut, Arthur zumindest einem Lehrer von X vertraut, und wenn Bill X nicht traut, dann traut Arthur keinem Lehrer von X. Wenn die Tatsache, daß Arthur jemandem traut, dasselbe bedeutet wie (nach Bedingung 5), ein Patient zu sein, dann können wir diesen letzten Satz folgendermaßen umformulieren: Wenn Bill irgendeiner Person X traut, dann ist zumindest ein Lehrer von X Patient, und wenn Bill X nicht traut, dann ist kein Lehrer von X Patient. Da dies nun für *jeden* Bewohner X gilt, so gilt es auch dann, wenn X Bill selbst ist. Von daher wissen wir folgendes:

(1) Wenn Bill sich selbst vertraut, dann hat er zumindest einen Lehrer, der Patient ist.

(2) Wenn Bill sich selbst nicht vertraut, dann ist kein Lehrer von Bill Patient.

Es gibt nun zwei Möglichkeiten: Entweder vertraut Bill sich selbst oder nicht. Sehen wir uns mal an, was bei jeder der beiden Möglichkeiten herauskommen würde.
Fall 1 – Bill vertraut sich selbst: Dann hat Bill zumindest einen Lehrer – nennen wir ihn Peter –, der ein Patient ist. Wenn Peter Bills Lehrer ist, dann glaubt er (entsprechend Bedingung 3), daß Bill sich selbst vertraut. Nun, Bill vertraut sich selbst, somit stimmt, was Peter glaubt, und er ist normal. Darum ist Peter ein normaler Patient und sollte nicht in der Anstalt sein.
Fall 2 – Bill vertraut sich selbst nicht: In diesem Fall ist keiner von Bills Lehrern Patient. Doch Bill hat wie jeder andere Bewohner zumindest einen Lehrer, – nennen wir ihn Richard. Also muß Richard ein Arzt

sein. Wenn Richard Bills Lehrer ist, dann glaubt er, daß Bill sich selbst vertraut. Doch was er glaubt, stimmt nicht, demzufolge ist Richard verrückt. Also ist Richard ein verrückter Arzt und sollte dort nicht arbeiten.

Um es noch einmal zusammenzufassen: Wenn Bill sich selbst vertraut, dann ist zumindest ein Patient normal. Wenn Bill sich selbst nicht vertraut, dann ist zumindest ein Arzt verrückt. Da wir nicht wissen, ob Bill sich selbst vertraut oder nicht, können wir nicht genau sagen, was mit dieser Anstalt nicht stimmt, ob ein normaler Patient oder ein verrückter Arzt darin ist.

9. Zuerst werden wir nachweisen, daß C und D hinsichtlich ihrer Normalität (bzw. Verrücktheit) notwendigerweise gleich sind.

Vorausgesetzt, A und B sind beide normal. Dann sind B und C in der Tat gleich und A und D auch. Das bedeutet, alle vier sind normal. Also sind in diesem Fall C und D normal und gleich.

Jetzt angenommen, A und B sind beide verrückt. Dann sind B und C verschieden und ebenso A und D. Also sind C und D normal und wiederum gleich.

Nunmehr angenommen, A ist normal und B ist verrückt. Damit sind B und C gleich, C ist also verrückt. Aber A und D sind verschieden, was bedeutet, daß D auch verrückt ist.

Schließlich vorausgesetzt, A ist verrückt und B ist normal. Dann sind B und C verschieden, und somit ist C verrückt. Jedoch A und D sind gleich, also ist D auch verrückt.

Zusammengefaßt: Wenn A und B gleich sind, dann sind C und D normal; wenn A und B verschieden sind, dann sind C und D verrückt.

Halten wir also fest, daß C und D entweder beide normal oder beide verrückt sind. Vorausgesetzt, sie sind beide normal, dann stimmt C's Behauptung, daß C und D keine Ärzte sind, was wiederum heißt, daß zumindest einer von ihnen ein Patient sein muß, und zwar ein normaler Patient.

Wenn C und D verrückt sind, dann ist C's Behauptung falsch, derzufolge beide Ärzte sind, verrückte Ärzte jedoch. Insofern gibt es in dieser Anstalt zumindest einen normalen Patienten oder aber wenigstens zwei verrückte Ärzte.

10, 11, 12. Gehen wir zuerst an die Aufgaben 11 und 12, denn der leichteste Weg, Aufgabe 10 zu lösen, ist, mit Aufgabe 12 anzufangen.

Doch lassen Sie mich, bevor wir beginnen, ein nützliches Prinzip deutlich machen: Angenommen, wir haben zwei Behauptungen, X und Y, von denen wir wissen, daß sie entweder richtig oder falsch sind. Jeder Bewohner unserer Kliniken muß, wenn er eine der Behauptungen für richtig hält, auch die andere anerkennen. *Warum?* Wenn beide Behauptungen richtig sind, dann muß jeder Bewohner normal sein, der eine von ihnen für richtig hält; entsprechend muß er auch die andere Behauptung anerkennen, die ja ebenfalls stimmt. Wenn beide Behauptungen falsch sind, dann muß jeder Bewohner verrückt sein, der eine von ihnen für richtig hält. Desgleichen muß er auch die andere Behauptung akzeptieren, da sie ja ebenfalls falsch ist.

Lassen Sie uns nun Aufgabe 12 lösen: Betrachten wir zwei Gruppen, Gruppe 1 und Gruppe 2. U soll den Kreis all der Bewohner symbolisieren, deren schlimmster Feind zu Gruppe 1 gehört, und V den Personenkreis, deren bester Freund zu Gruppe 2 zählt. Entsprechend der Tatsache 4 (von Aufgabe 10) sind U und V Gruppen. Deshalb gibt es Tatsache 5 zufolge irgendeinen Bewohner – nennen wir ihn Dan –, dessen bester Freund – nennen wir ihn Edward – glaubt, daß Dan zu U gehöre, und dessen schlimmster Feind – nennen wir ihn Fred – glaubt, Dan zähle zu V. Also, Edward glaubt, Dan gehört zur Gruppe U, und Fred glaubt, Dan gehört zu Gruppe V.

Nun aber bedeutet der Definition von U zufolge eine Aussage wie: *Dan gehört zu U* dasselbe wie die Aussage: *Sein schlimmster Feind, Fred, gehört zu Gruppe 1.* Mit anderen Worten, die beiden Behauptungen *Dan gehört zu U* und *Fred gehört zu Gruppe 1* sind entweder beide richtig oder beide falsch. Wenn Edward eine von beiden Behauptungen für richtig hält – nämlich, daß Dan zu U gehört –, dann muß er ebenso die andere Behauptung akzeptieren – nämlich, daß Fred zu Gruppe 1 gehört. (Denken Sie an unser eingangs erläutertes Prinzip!) Also glaubt Edward, Fred gehört zu Gruppe 1.

Fred andererseits glaubt, daß Dan zu Gruppe V gehört. Nun zählt aber Dan nur zu Gruppe V, wenn sein Freund Edward zu Gruppe 2 gehört (der Definition von V zufolge). Mit anderen Worten, diese zwei Tatsachen sind entweder beide richtig oder beide falsch. Denn wenn Fred glaubt, daß Dan zu V gehört, muß Fred ebenfalls glauben, daß Edward zu Gruppe 2 gehört.

Also haben wir zwei Bewohner, Edward und Fred, mit folgenden Annahmen: Edward glaubt, daß Fred zu Gruppe 1 gehört, und Fred glaubt, daß Edward zu Gruppe 2 gehört. Das ist die Lösung von Aufgabe 12.

Um Aufgabe 10 zu lösen, betrachten wir nun als Gruppe 1 alle Patienten und als Gruppe 2 alle Ärzte. Diese sind Gruppen entsprechend Tatsachen 1 und 2.
Der Lösung von Aufgabe 12 zufolge gibt es dort Bewohner – Edward und Fred –, die folgendes glauben: Edward nimmt an, daß Fred zu Gruppe 1 (alle Patienten) gehört, während Fred glaubt, daß Edward zu Gruppe 2 (alle Ärzte) zählt. Mit anderen Worten glaubt Edward, daß Fred ein Patient ist, und Fred nimmt an, daß Edward Arzt ist. Also muß entsprechend Problem 1 (wenn wir die Namen Edward und Fred anstelle von Jones und Smith beibehalten) einer von beiden, Edward oder Fred (wir wissen nicht, welcher), entweder ein verrückter Arzt oder ein normaler Patient sein. Also stimmt tatsächlich etwas nicht mit dieser Anstalt.

Was Aufgabe 11 betrifft, nehmen wir an, daß alle normalen und alle verrückten Bewohner tatsächlich zwei Gruppen bilden, Gruppe 1 bzw. Gruppe 2. Problem 12 zufolge würden dann die Insassen Edward und Fred glauben: (a) Edward, daß Fred normal ist – mit anderen Worten: Mitglied von Gruppe 1; (b) Fred, daß Edward verrückt ist – und damit zu Gruppe 2 gehört. Das aber ist unmöglich, denn wenn Edward normal ist, stimmt das, was er glaubt, und das heißt, Fred ist normal. Also stimmt, was Fred glaubt, und das bedeutet, Edward ist verrückt. Wenn also Edward normal ist, dann ist er auch verrückt, und das ist unmöglich. Wenn Edward andererseits verrückt ist, stimmt nicht, was er von Fred glaubt, und das bedeutet, daß Fred verrückt ist. Damit ist aber auch falsch, was Fred von Edward denkt, und das heißt, Edward ist normal. Wenn Edward also verrückt ist, ist er normal, und das ist wiederum unmöglich. Somit führt die Annahme, daß der Personenkreis von normalen sowie der von verrückten Bewohnern beide Gruppen bildeten, zu einem Widerspruch. Deshalb kann nicht zutreffen, daß beide Personenkreise Gruppen entsprechen.

13. Was Inspektor Craig zu seinem Entsetzen erkannte, war die Tatsache, daß in dieser Anstalt alle Ärzte verrückt und alle Patienten normal waren! Er fand dies auf folgende Weise heraus:

Schon vor seinen Unterredungen mit Dr. Teer und Prof. Feder wußte er, daß es zumindest einen normalen Bewohner A in der Klinik gab. Nehmen wir also an, B wäre der beste Freund von A. Wenn A der *Bedingung C* zufolge glaubt, daß B *besonders* ist, dann glaubt A's bester Freund, daß B ein Patient ist. Da A's bester Freund B ist und A glaubt, daß B *besonders* ist, glaubt B, daß B (also er selbst) ein Patient ist. Mit anderen Worten, wenn A glaubt, daß B *besonders* ist, dann ist B *absonderlich.* Wenn A normal ist, dann ist seine Annahme, daß B besonders ist, gleichbedeutend mit der *Tatsache,* daß B es auch ist. Von daher haben wir folgende Schlüsseltatsache:

Wenn B besonders ist, dann ist er absonderlich.

Nun, entweder ist B absonderlich oder nicht. Wenn er absonderlich ist, dann glaubt er, ein Patient zu sein, und deshalb (vgl. Aufgabe 4) muß er entweder ein verrückter Arzt oder ein normaler Patient sein. In keinem der beiden Fälle gehört er in die Klinik.

Doch vorausgesetzt, B ist nicht absonderlich. Was dann? Nun, B ist nicht absonderlich, er ist auch nicht besonders, denn in Übereinstimmung mit unserer Schlüsseltatsache kann B nur absonderlich sein, wenn er auch besonders ist. Somit ist er weder das eine noch das andere. Da er nicht besonders ist, stimmen die beiden Annahmen nicht, von denen alle Patienten ausgehen, nämlich daß er absonderlich sei und daß kein Arzt glaubt, daß er das ist. Das heißt, mindestens eine der beiden Annahmen ist falsch. Angenommen, die erste ist falsch, dann glaubt zumindest ein Patient – P – nicht, daß B absonderlich ist. Wenn P verrückt wäre, würde er glauben, daß B absonderlich ist (da er es in Wirklichkeit ja nicht ist). Deshalb ist P normal; das heißt, P ist ein normaler Patient.

Wenn die zweite Annahme falsch ist, dann glaubt zumindest ein Arzt – D –, daß B absonderlich ist. Demzufolge muß D verrückt sein (da B nicht absonderlich ist). Also ist D ein verrückter Arzt.

Um es zusammenzufassen: Wenn B absonderlich ist, dann ist er entweder ein normaler Patient oder ein verrückter Arzt. Wenn B nicht absonderlich ist, dann glaubt entweder ein normaler Patient P nicht, daß B absonderlich ist, oder ein verrückter Arzt D glaubt, daß B es ist. Darum muß es in dieser Anstalt entweder einen normalen Patienten oder einen verrückten Arzt geben.

Wie ich schon sagte, hatte Inspektor Craig all dies bereits vor seinen Unterredungen mit Dr. Teer und Prof. Feder erkannt. Nun glaubt aber Dr. Teer, daß alle Ärzte normal sind, und Prof. Feder nimmt an, daß alle Patienten verrückt sind. Sie können nicht beide recht haben (wie wir soeben herausfanden). Demnach ist zumindest einer von beiden verrückt. Nun, Prof. Feder glaubt, daß Dr. Teer normal ist. Wenn Prof. Feder selbst normal ist, so muß stimmen, was er sagt, und demnach wäre Dr. Teer ebenfalls normal, was nach unserer Kenntnis nicht richtig ist. Darum muß Prof. Feder verrückt sein. Dann aber stimmt nicht, daß Dr. Teer normal ist; also ist er verrückt. Das beweist, daß beide, Dr. Teer und Prof. Feder, verrückt sind.

Wenn Dr. Teer verrückt ist und glaubt, daß zumindest einer der Patienten verrückt sei, dann müssen in Wirklichkeit alle Patienten normal sein. Da Prof. Feder verrückt ist und annimmt, daß wenigstens ein Arzt normal ist, so sind in Wirklichkeit alle Ärzte verrückt. Das beweist, daß alle Patienten normal und alle Ärzte verrückt sind.

Anmerkung: Dieses Rätsel ist natürlich beeinflußt worden von Edgar Allan Poes Erzählung »Das System des Doktors Teer und des Professors Feder«, in der es die Patienten einer Anstalt für Geistesgestörte schaffen, alle Ärzte und Mitarbeiter zu überwältigen, sie geteert und gefedert in die Zellen der Patienten zu stecken und deren Rollen selbst zu übernehmen.

4

Inspektor Craig besucht Transsylvanien

Eine Woche nach diesen haarsträubenden Abenteuern, als Inspektor Craig gerade seine Rückkehr nach London vorbereitete, erhielt er plötzlich von der transsylvanischen Regierung ein Telegramm, in dem er dringend ersucht wurde, nach Transsylvanien zu kommen, um einige rätselhafte Fälle von Vampirismus aufklären zu helfen.

Wie ich bereits in »Wie heißt dieses Buch?« ausgeführt hatte, ist Transsylvanien sowohl von Vampiren als auch von Menschen bewohnt. Die Vampire lügen immer, und die Menschen sagen stets die Wahrheit. Die Hälfte der Bevölkerung jedoch, Zwischenwesen, halb Mensch, halb Vampir, ist geistesgestört und in dem, was sie glaubt, völlig irregeführt (ebenso wie die verrückten Bewohner der Klinik von Doktor Teer und Professor Feder), alle wahren Verhältnisse betrachten sie als falsch und alle falschen als wahr. Die andere Hälfte der Bewohner ist völlig normal und in ihren Beurteilungen gänzlich fehlerfrei (ebenso wie die normalen Insassen der Kliniken, die Inspektor Craig untersucht hatte), alle wahren Behauptungen erkennen sie als wahr und alle falschen als falsch.

Allerdings ist die Logik in Transsylvanien sehr viel komplizierter als die, die in den Kliniken für Geistesgestörte praktiziert wird, denn in letzteren sind die Patienten zumindest aufrichtig, und ihre falschen Bekundungen entstehen aus wahnhafter Selbsttäuschung, niemals aus boshafter Absicht. Doch wenn ein Transsylvanier etwas Falsches behauptet, so kann das aus Selbsttäuschung oder aus Arglist geschehen. Normale Menschen und verrückte Vampire bekunden immer die Wahrheit; verrückte Menschen und normale Vampire behaupten nur Falsches. Wenn man zum Beispiel einen Transsylvanier fragt, ob die Erde rund ist (im Gegensatz zu flach), so geht ein normaler Mensch davon aus, daß die Erde rund ist, und sagt das auch aufrichtig. Ein verrückter Mensch denkt, daß die Erde nicht rund sei, und wird ehrlich sagen, was er meint. Ein normaler Vampir weiß, daß die Erde rund ist, lügt aber und behauptet, sie sei es nicht. Doch ein verrückter Vampir glaubt, die Erde sei nicht rund, aber er lügt und sagt dann, sie sei es. Also antwortet ein verrückter Vampir auf jede Frage genauso wie ein normaler Mensch und ein verrückter Mensch ebenso wie ein normaler Vampir.

Glücklicherweise war Inspektor Craig gleichermaßen versiert in Vampirismus wie in Logik (wie auch das Ausmaß seiner Interessen und Kenntnisse insgesamt recht bemerkenswert war). Als er in Transsylvanien ankam, informierten ihn die zuständigen Beamten (die allesamt normale Menschen waren), daß es zehn Fälle gab, zu deren Lösung sie

Hilfe benötigten, und man bat ihn, die Nachforschungen zu übernehmen.

Die ersten fünf Fälle

In jedem dieser Fälle kamen zwei Bewohner in Frage, und es war bereits bekannt, daß es sich bei einem von ihnen um einen Vampir und bei dem andern um einen Menschen handelte. Aber man wußte nicht, wer was war. Über den Geisteszustand war, außer in Fall 5, nichts bekannt.

1. Der Fall Lucy und Minna

In diesem ersten Fall handelte es sich um zwei Schwestern namens Lucy und Minna, und Inspektor Craig mußte herausfinden, wer von ihnen ein Vampir war. Wie bereits weiter oben festgestellt worden ist, war nichts über den Geisteszustand der Betreffenden bekannt. Hier ist das Transkript der Untersuchung:
Insp. Craig (zu Lucy): Erzählen Sie mir etwas, das Sie beide betrifft.
Lucy: Wir sind beide verrückt.
Insp. Craig (zu Minna): Stimmt das?
Minna: Natürlich nicht.
Hieraus konnte Inspektor Craig zu jedermanns Zufriedenheit nachweisen, welche der Schwestern ein Vampir war.
Wissen Sie es auch?

2. Die Gebrüder Lugosi

Als nächstes kam der Fall der Gebrüder Lugosi an die Reihe. Beide trugen den Vornamen Bela. Wieder war einer Vampir und der andere keiner. Sie sagten folgendes aus:
Bela der Ältere: Ich bin ein Mensch.
Bela der Jüngere: Ich bin ein Mensch.
Bela der Ältere: Mein Bruder ist normal.
Welcher von beiden ist der Vampir?

3. Der Fall Michael und Peter Karloff

Die Betroffenen dieses Falles waren wiederum zwei Brüder, Michael und Peter Karloff. Sie sagten folgendes aus:
Michael Karloff: Ich bin ein Vampir.
Peter Karloff: Ich bin ein Mensch.
Michael Karloff: In bezug auf unseren Geisteszustand sind mein Bruder und ich gleich.
Welcher Bruder ist ein Vampir?

4. Der Fall Turgenjew

Im nächsten Fall waren die Betroffenen ein Vater und sein Sohn. Ihr Nachname war Turgenjew. Es folgt das Transkript der Befragung:
Insp. Craig (zum Vater): Sind Sie beide geistig normal oder beide gestört oder unterscheiden Sie sich in dieser Hinsicht?
Vater: Zumindest einer von uns ist verrückt.
Sohn: Das ist ganz richtig.
Vater: Ich bin natürlich kein Vampir.
Wer von beiden ist einer?

5. Der Fall Karl und Martha Dracula

Der letzte Fall dieser Reihe betraf ein Zwillingspaar, Karl und Martha Dracula (nicht verwandt mit dem gleichnamigen Grafen, kann ich Ihnen versichern!). Das Interessante an diesem Fall ist die Tatsache, daß nicht nur bekannt war, daß einer der Zwillinge ein Vampir- und der andere ein Menschendasein führte, sondern man wußte auch, daß einer von beiden normal und der andere verrückt war. Dennoch hatte Inspektor Craig anfangs nicht die geringste Vorstellung, wer von beiden nun was verkörperte. Folgendes sagten sie aus:
Karl: Meine Schwester ist ein Vampir.
Martha: Mein Bruder ist verrückt.
Wer ist der Vampir?

Fünf Ehepaare

Die nächsten fünf Fälle betrafen Ehepaare. Nun ist in Transsylvanien – wie Sie vielleicht wissen – die Ehe zwischen einem Menschen und einem Vampir verboten. Infolgedessen sind beide Ehepartner entweder stets Menschen oder Vampire. In diesen Fällen war – wie in den Fällen eins bis vier – nichts bekannt über den Geisteszustand der Betreffenden.

6. Der Fall Sylvan und Sylvia Nitrat

Der erste Fall dieser Gruppe war der von Sylvan und Sylvia Nitrat. Wie gesagt sind beide entweder Mensch oder Vampir. Hier ist das Transkript von Inspektor Craigs Befragung:
Insp. Craig (zu Frau Nitrat): Erzählen Sie mir etwas, das Sie beide betrifft.
Sylvia: Mein Mann ist ein Mensch.
Sylvan: Meine Frau ist ein Vampir.
Sylvia: Einer von uns beiden ist verrückt, der andere nicht.
Sind die Nitrats nun Menschen oder Vampire?

7. Der Fall Georg und Gloria Globulin

Dieser Fall betraf die Eheleute Globulin.
Insp. Craig: Erzählen Sie mir etwas über Sie beide.
Gloria: Alles, was mein Mann sagt, ist wahr.
Georg: Meine Frau ist verrückt.
Inspektor Craig hatte nicht den Eindruck, daß die Bemerkung des Ehemannes übermäßig galant ausgefallen war. Nichtsdestotrotz genügten diese beiden Bekundungen, den Fall zu lösen.
Handelt es sich bei diesem Ehepaar nun um Menschen oder um Vampire?

8. Der Fall Boris und Dorothea Vampyrus

»Wichtig ist«, sagte der transsylvanische Polizeichef zu Inspektor Craig, als jener das dritte Ehepaar verhörte, »daß man sich bei seinen

Bemühungen nicht von den Nachnamen der in Verdacht stehenden Personen beeinflussen läßt.«
Folgende Antworten gaben Mann und Frau zu Protokoll:
Boris Vampyrus: Wir sind beide Vampire.
Dorothea Vampyrus: Ja, das sind wir.
Boris Vampyrus: In bezug auf unsern Geisteszustand sind wir gleich.
Mit was für einem Ehepaar haben wir es hier zu tun?

9. Der Fall Arthur und Lilli Süß

Der nächste Fall bezog sich auf ein Ausländer-Ehepaar (von Transsylvanien aus gesehen) namens Arthur und Lilli Süß. Sie sagten folgendes aus:
Arthur: Wir sind beide verrückt.
Lilli: Das stimmt.
Was sind Arthur und Lilli Süß?

10. Der Fall Luigi und Manuela Byrdcliffe

Hier ist die Aussage der Byrdcliffes:
Luigi: Wenigstens einer von uns ist verrückt.
Manuela: Das stimmt nicht.
Luigi: Wir sind beide Menschen.
Was sind Luigi und Manuela wirklich?

Zwei unerwartete Rätsel

11. Der Fall A und B

Inspektor Craig war erleichtert, daß all diese unerfreulichen Fälle vorbei waren, und packte gerade seine Sachen für die Rückkehr nach London, als gänzlich unerwartet ein transsylvanischer Beamter in sein Zimmer stürzte und ihn flehentlich bat, noch einen Tag länger zu bleiben, um einen neuen Fall lösen zu helfen, der sich soeben ereignet hatte. Nun, Inspektor Craig entzückte der Gedanke daran gewiß nicht, doch empfand er es als seine Pflicht, Hilfe zu leisten, wo immer es möglich war, und willigte ein.

Zwei verdächtige Gestalten waren gerade von der Polizei aufgegriffen worden. Zufällig waren beide prominente Persönlichkeiten, so daß Inspektor Craig verlangte, daß ihre Namen und ihre Geschlechtszugehörigkeit nicht bekannt würden. (Darum werde ich sie nur A und B nennen.) Im Gegensatz zu den vorangegangenen zehn Fällen war diesmal von vorneherein nicht bekannt, in welcher Beziehung sie zueinander standen. Beide konnten Vampire sein oder beide Menschen oder einer von ihnen ein Vampir und der andere ein Mensch. Desgleichen konnten beide normal oder verrückt sein oder der eine normal und der andere verrückt.

Im Verhör behauptete A, daß B normal sei, und B behauptete, A wäre verrückt. A behauptete dann, B sei ein Vampir, während B erklärte, A sei ein Mensch.

Was kann über A und B gefolgert werden?

12. Zwei transsylvanische Philosophen

Glücklich, daß diese Verhöre schließlich vorüber waren, saß Inspektor Craig entspannt in der Halle eines transsylvanischen Bahnhofs und wartete auf den Zug, mit dem er das Land verlassen wollte. Er freute sich darauf, bald wieder in London zu sein. In eben diesem Moment wurde er Zeuge eines Disputs zwischen zwei transsylvanischen Philosophen, die sehr engagiert folgendes Problem diskutierten:

Angenommen, es gibt da ein identisches transsylvanisches Zwillingspaar, von dem bekannt ist, daß der eine Partner ein normaler Mensch und der andere ein verrückter Vampir ist. Und vorausgesetzt, man begegnet einem von ihnen allein und möchte herausfinden, welcher von beiden es ist. Genügt eine beliebige Anzahl von Fragen, auf die nur mit Ja/Nein geantwortet zu werden braucht, um dies herauszufinden?

Der erste Philosoph verfocht den Standpunkt, keine Anzahl von Fragen solcher Art könne das bewerkstelligen, da beide Zwillinge die gleichen Antworten auf jede gestellte Frage geben würden. Das heißt, wenn eine beliebige Frage korrekterweise bejaht werden muß, so wird ein normaler Mensch die Antwort kennen und aufrichtig mit Ja antworten, wohingegen ein verrückter Vampir davon ausgeht, daß die Antwort Nein ist, doch dann lügen wird und demnach ebenfalls mit Ja antwortet. In gleicher Weise wird, wenn die korrekte Antwort auf eine Frage Nein ist, ein normaler Mensch verneinen und ein verrückter Vampir ebenfalls, da er glaubt, die richtige Antwort wäre Ja, doch weil er lügt, sagt er Nein. Darum unterscheiden sich die beiden Brüder nach außen hin nicht in ihren verbalen Reaktionen, obwohl sie nach Art ihrer Gedankengänge gänzlich verschieden sind. Also, argumentierte der erste Philosoph, gäbe es keine Fragen, nach denen man die Brüder auseinanderhalten könne – außer möglicherweise unter Anwendung eines Lügendetektors.

Der zweite Philosoph bestritt das. Im Grunde hatte er kein Argument parat, um seine Position zu untermauern; alles, was er sagte, war nur: »Lassen Sie mich einen von diesen zwei Brüdern befragen, und ich sage Ihnen, wer von ihnen es ist.«

Inspektor Craig war neugierig zu erfahren, wie diese Diskussion ausgehen würde, doch in diesem Moment kam sein Zug an, und die Philosophen stiegen leider nicht mit ein.

Er saß dann in seinem Abteil und dachte einige Zeit darüber nach, welcher Philosoph wohl recht hatte. Schließlich machte er sich klar, daß es der zweite Philosoph war: Wenn Sie einem der Zwillinge begegnen, können Sie in der Tat durch Ja/Nein-Fragen herausfinden, mit welchem von beiden Sie es zu tun haben, und kein Lügendetektor wäre notwendig. Aber zwei Probleme bleiben noch:

(1) Welches ist die kleinste Anzahl von Fragen, die man stellen müßte?

(2) Weitaus interessanter ist jedoch die Frage: Was stimmt an der Argumentation des ersten Philosophen nicht?

Lösungen

Es gibt ein Prinzip, das mehreren der folgenden Lösungen zugrunde liegt und das wir gleich von vorneherein festhalten wollen – daß es sich nämlich, wenn ein Transsylvanier sagt, er sei ein Mensch, um einen normalen handeln muß, und wenn er sagt, er sei ein Vampir, dann muß er verrückt sein. Der Grund ist folgender: Angenommen, er sagt, er sei ein Mensch. Dann ist seine Behauptung entweder wahr oder falsch. Wenn sie wahr ist, dann ist er wirklich ein Mensch, doch die

einzigen Menschen, die etwas Wahres behaupten, sind normale Menschen. Also handelt es sich in diesem Fall um einen normalen Menschen. Wenn andererseits seine Behauptung falsch wäre, dann ist er in Wirklichkeit ein Vampir. Doch die einzigen Vampire, die Falsches behaupten, sind normale Vampire. (Verrückte Vampire sprechen immer wahr, ebenso wie normale Menschen.) Also handelt es sich erneut um einen Normalen. Damit ist bewiesen, daß, wenn ein Transsylvanier behauptet, ein Mensch zu sein, es sich um einen Normalen handeln muß, ganz gleich, ob Mensch oder Vampir.
Vorausgesetzt, ein Transsylvanier behauptet, ein Vampir zu sein, was folgt daraus? Nun, wenn seine Behauptung richtig ist, dann ist er wirklich ein Vampir. Doch die einzigen Vampire, die Wahres aussagen, sind verrückte Vampire. Wenn seine Behauptung falsch ist, dann handelt es sich in Wirklichkeit um einen Menschen. Doch die einzigen Menschen, die Falsches aussagen, sind verrückte Menschen. In diesem Fall muß es sich also erneut um einen ›Verrückten‹ handeln. Demzufolge ist jeder Transsylvanier, der behauptet, ein Vampir zu sein, verrückt.
Wir nehmen an, daß der Leser selbständig die Tatsache bestätigen kann, daß jeder Transsylvanier, der behauptet, normal zu sein, tatsächlich ein Mensch sein muß, und bei jedem Transsylvanier, der behauptet, verrückt zu sein, muß es sich in Wirklichkeit um einen Vampir handeln.
Lassen Sie uns nunmehr zu den Lösungen der Aufgaben zurückkehren.

1. Lucys Behauptung ist entweder richtig oder falsch. Wenn sie richtig ist, dann sind beide Schwestern tatsächlich verrückt. Da Lucy demnach verrückt ist und die einzigen verrückten Transsylvanier, die etwas Wahres behaupten können, verrückte Vampire sind, so ist sie (vorausgesetzt, Lucys Behauptung stimmt) ein Vampir.
Nunmehr angenommen, ihre Aussage ist falsch. Dann ist wenigstens eine der Schwestern normal. Wenn Lucy normal ist, dann muß sie, da sie etwas Falsches ausgesagt hat, ein Vampir sein (weil normale Menschen nur Wahres sprechen). Angenommen, Lucy ist verrückt. Dann muß Minna die Normale sein. Demnach hätte Minna, indem sie Lucys falscher Aussage widersprach, etwas Richtiges gesagt. Minna ist also normal und hat etwas Richtiges gesagt; sie ist demzufolge ein Mensch, und Lucy muß wieder der Vampir sein.
Damit ist bewiesen, daß, unabhängig von der Tatsache, ob Lucys Behauptung richtig oder falsch war, Lucy der Vampir sein muß.

2. Wir hatten bereits das Prinzip aufgestellt, demzufolge jeder Transsylvanier, der behauptet, ein Mensch zu sein, normal sein muß, und jeder Transsylvanier, der von sich sagt, daß er ein Vampir ist, muß verrückt sein. (Lesen Sie noch einmal die Diskussion im Vorspann zu den Lösungen.)
Nun behaupten die Gebrüder Lugosi, Menschen zu sein. Demnach sind sie beide normal. Darum ist die Aussage richtig, wenn Bela, der Ältere verkündet, daß sein Bruder normal sei. Bela, der Ältere ist also normal und spricht wahr, also ist er ein Mensch. Bela der Jüngere muß demnach der Vampir sein.

3. Da Michael behauptet, ein Vampir zu sein, ist er verrückt, und da Peter behauptet, ein Mensch zu sein, so ist er normal. Michael ist also verrückt und Peter normal, demnach sind die beiden Brüder in bezug auf ihren Geisteszustand nicht gleich. Somit ist Michaels zweite Behauptung falsch, und da Michael verrückt ist, muß er ein Mensch sein (verrückte Vampire machen keine falschen Aussagen). Also ist Peter der Vampir.

4. Vater und Sohn stimmen in ihrer Antwort bezüglich der Frage nach ihrem Geisteszustand überein. Das bedeutet, daß sie beide entweder Wahres oder Unwahres aussagen. Doch da einer von beiden ein Mensch und der andere ein Vampir ist, müssen sie sich im Hinblick auf ihren Geisteszustand notwendigerweise unterscheiden: Wenn sie beide normal wären, so würde der Mensch unter ihnen richtige und der Vampir falsche Aussagen machen, und beide könnten niemals übereinstimmen. Wenn sie beide verrückt wären, so würde der Mensch Falsches und der Vampir Wahres bekunden, und sie würden erneut in ihren Äußerungen divergieren. Darum stimmt es wirklich, daß zumindest einer von ihnen verrückt ist. Das beweist, daß beide etwas Richtiges behaupten. Wenn also der Vater sagt, er sei kein Vampir, so ist er auch keiner. Demnach ist der Sohn ein Vampir.

5. Vorausgesetzt, Martha ist der Vampir. Dann ist Karl ein Mensch und hat demnach auch etwas Richtiges ausgesagt. Karl muß in diesem Fall ein normaler Mensch sein. Somit wäre Martha ein verrückter Vampir, da uns gesagt worden ist, daß sich Karl und Martha in bezug auf ihren Geisteszustand unterscheiden. Doch dann hätte Martha, ein verrückter Vampir, etwas Falsches behauptet – daß Karl verrückt ist –, was verrückte Vampire nicht können. Deshalb führt die An-

nahme, Martha sei ein Vampir, zu einem Widerspruch. Also muß Karl der Vampir sein.
Wir können ebenso ihre Normalität bzw. Verrücktheit feststellen: Karl hat etwas Falsches behauptet. Da er ein Vampir ist, so ist er normal. Doch Martha hat auch etwas Falsches behauptet. Da sie ein Mensch ist, ist sie also verrückt. Damit ist die vollständige Antwort: Karl ist ein normaler Vampir und Martha ein verrückter Mensch. Karl lügt, wenn er sagt, seine Schwester sei ein Vampir, und Martha täuscht sich, wenn sie behauptet, daß ihr Bruder verrückt sei. (Ein wirklich nettes Paar, selbst für transsylvanische Verhältnisse.)

6. Jetzt sind wir in der Situation, wo beide Partner entweder Menschen oder Vampire sind. Darum können die ersten zwei Behauptungen weder beide richtig noch falsch sein (denn wenn sie beide falsch wären, so wäre Sylvan ein Vampir und Sylvia ein Mensch). Also ist eine der zwei Aussagen richtig und die andere falsch. Das heißt, daß einer der beiden Partner normal und der andere verrückt ist (denn wären sie beide normal, so wären, wenn es sich um Menschen handeln würde, beider Aussagen richtig, und wenn es sich um Vampire handeln würde, beider Aussagen falsch). Darum trifft es zu, wenn Sylvia sagt, daß einer von ihnen normal und der andere verrückt ist. Das heißt also, Sylvia macht wahre Aussagen. Deshalb stimmt es, daß ihr Mann ein Mensch ist. Das heißt, beide sind Menschen (und ganz nebenbei: Sylvia ist normal und Sylvan verrückt).

7. Wenn Gloria versichert, daß alles stimmt, was ihr Mann sagt, dann unterstützt sie damit seine Behauptung, sie sei verrückt. Mit anderen Worten, Gloria behauptet indirekt, verrückt zu sein. Nur Vampire können etwas dieser Art bekunden (wie wir in der Diskussion im Vorspann zu den Lösungen nachgewiesen haben). Somit muß Gloria ein Vampir sein. Also sind beide Vampire.

8. Angenommen, es handelt sich um Menschen. Dann sind Boris' und Dorotheas Aussagen, beide seien sie Vampire, falsch, was bedeutet, daß sie verrückte Menschen sind. Das würde heißen, daß sie hinsichtlich ihres Geisteszustands tatsächlich gleich sind. Damit stimmt Boris' zweite Behauptung, die für einen verrückten Menschen unmöglich wäre. Also können es nicht Menschen sein; es sind Vampire (und zwar verrückte).

9. Vorausgesetzt, Arthur und Lilly sind Menschen. Ein normaler Mensch könnte unmöglich sagen, er und sie oder sonst jemand wären beide verrückt, denn dann müßte es sich bei beiden um verrückte Menschen handeln. Insofern gäbe es verrückte Menschen, die zu Recht behaupten, beide verrückt zu sein, was nicht geht. Deshalb kann es sich nicht um Menschen, sondern nur um Vampire handeln (entweder normale Vampire, die lügen, wenn sie sagen, sie seien verrückt, oder verrückte Vampire, die wahrheitsgerecht aussagen, sie seien verrückt – *Sie* wissen ja, daß verrückte Vampire immer alles richtig sagen, auch wenn sie es nicht beabsichtigen!).

10. Luigi und Manuela widersprechen einander. Nur einer von ihnen kann recht haben. Also macht der eine richtige und der andere falsche Aussagen. Da es sich bei beiden entweder um Menschen oder um Vampire handelt, so muß die Tatsache zutreffen, daß wenigstens einer von ihnen verrückt ist. Denn wenn sie beide normal wären, dann würden sie entweder – sofern es sich um Menschen handelt – beide wahre Aussagen machen oder – sofern es Vampire sind – beide falsche Behauptungen aufstellen. Demnach stimmt es, wenn Luigi sagt, daß wenigstens einer von ihnen verrückt ist. Also macht Luigi wahre Aussagen, und wenn er sagt, daß beide Menschen seien, so stimmt das auch. Damit ist bewiesen, daß sie Menschen sind (und ganz nebenbei, Luigi normal und Manuela verrückt ist).

11. Lassen Sie uns einen Transsylvanier *glaubwürdig* nennen, wenn er richtige Aussagen, und *unglaubwürdig*, wenn er falsche Aussagen macht. Glaubwürdige Transsylvanier sind entweder normale Menschen oder verrückte Vampire; unglaubwürdige Transsylvanier sind entweder verrückte Menschen oder normale Vampire.
Nun behauptet A, daß B normal sei und außerdem ein Vampir. A's zwei Behauptungen sind entweder beide richtig oder beide falsch. Wenn sie richtig sind, dann ist B ein normaler Vampir, was bedeutet, daß er unglaubwürdig ist. Wenn andererseits A's Behauptungen falsch sind, dann muß B ein verrückter Mensch sein, was wiederum heißt, daß B unglaubwürdig ist. Also ist B in jedem Falle unglaubwürdig (egal, ob A's Aussagen beide richtig oder falsch sind). Da B's Behauptungen also falsch sind und A weder verrückt noch ein Mensch ist, so muß A ein normaler Vampir sein. Das bedeutet aber auch, daß A unglaubwürdig ist. Somit sind A's Behauptungen beide falsch, woraus hervorgeht, daß B ein verrückter Mensch sein muß. Also

lautet die Antwort: A ist ein normaler Vampir und B ein verrückter Mensch.

Übrigens ist diese Aufgabe nur eine von sechzehn denkbaren Aufgaben der gleichen Art, von denen jede ihre spezifische Lösung hat. Die *Kombination* nämlich von je zwei Aussagen, die A über B macht (einmal hinsichtlich seines Geisteszustands, zum andern hinsichtlich seines Wesens als Mensch bzw. Vampir), mit je zwei Behauptungen von B über A (gleichfalls bezüglich A's Geisteszustand und Wesen) – es gibt sechzehn Kombinationsmöglichkeiten für diese vier Aussagen – bestimmt in eindeutiger Weise den genauen Charakter sowohl von A als auch von B.

Wenn zum Beispiel A sagt, B sei ein Mensch, und außerdem behauptet, B sei normal, und B seinerseits sagt, A sei ein Vampir, und als zweites behauptet B, A sei verrückt, so heißt in diesem Falle die Lösung, daß B ein normaler Mensch ist und A ein verrückter Vampir.

Oder angenommen, A sagt zum einen, B sei normal, und zum andern, B sei ein Vampir, und B sagt von A, er sei verrückt, und als zweites behauptet B, A sei ein Vampir. Was also sind A und B? Die Antwort heißt: A ist ein normaler Mensch und B ein normaler Vampir.

Verstehen Sie, wie jede dieser sechzehn möglichen Aufgaben aufzulösen geht und warum es jedesmal eine eindeutige Lösung geben muß? Wenn nicht, versuchen wir es mal auf folgende Weise:

A hat die Möglichkeit, vier Aussagenpaare über B zu bilden, nämlich (1) B ist normal; B ist ein Mensch. (2) B ist normal; B ist ein Vampir. (3) B ist verrückt; B ist ein Mensch. (4) B ist verrückt; B ist ein Vampir. In jedem der vier Fälle können wir feststellen, ob B glaubwürdig ist oder nicht. Im Fall 1 muß B glaubwürdig sein, egal ob A's Behauptungen beide Male richtig sind oder falsch – denn wenn beide richtig sind, ist B ein normaler Mensch und somit glaubwürdig, und wenn beide falsch sind, ist B ein verrückter Vampir und demzufolge wiederum glaubwürdig. Desgleichen muß B in Fall 4 glaubwürdig sein. In Fall 2 und 3 hingegen muß B notwendigerweise unglaubwürdig sein. Man sieht also, wir können durch A's Behauptungen immer B's Glaubwürdigkeit erkennen. In der gleichen Weise können wir durch B's Aussagen die Glaubwürdigkeit von A ermitteln. Wenn wir demzufolge die Glaubwürdigkeit von A bzw. B festgestellt haben, so wissen wir, welche der vier Aussagen richtig und welche falsch ist, und das Problem ist gelöst.

Ich möchte jedoch noch die Bemerkung hinzufügen, daß das Problem unlösbar wäre, wenn A und B, anstatt *zwei* (getrennte) Aussagen übereinander zu machen, jeder eine *verbundene* Behauptung über den andern aufstellte. Wenn zum Beispiel anstelle von zwei Feststellungen – B ist normal, B ist ein Vampir – A sagen würde: »B ist ein normaler Vampir«, so könnten wir nichts über B's Glaubwürdigkeit ableiten. Wenn A's Aussage richtig ist, dann *ist* B ein normaler Vampir. Wenn A's Aussage falsch ist, dann kann B sowohl ein verrückter Vampir als auch ein normaler Mensch oder ein verrückter Mensch sein.

12. Eine Frage genügt! Sie brauchen ihn nur zu fragen: »Sind Sie ein Mensch?« (»Sind Sie normal?« ginge auch und »Sind Sie ein normaler Mensch?« desgleichen.) Also vorausgesetzt, Sie fragten ihn: »Sind Sie ein Mensch?« – Nun, wenn Sie es mit einem normalen Menschen zu tun haben, wird er natürlich mit Ja antworten. Doch angenommen, Sie sprechen mit einem verrückten Vampir. Da er verrückt ist, wird er irrtümlicherweise glauben, ein Mensch zu sein, und als Vampir wird er lügen und Nein sagen. Also wird ein normaler Mensch mit Ja antworten und ein verrückter Vampir mit Nein. Deshalb wissen Sie, wenn Sie als Antwort auf Ihre Frage ein Ja zu hören bekommen, daß es sich um einen normalen Menschen handelt, und bei einem Nein wissen Sie, Sie haben es mit einem verrückten Vampir zu tun.
Doch weitaus interessanter ist nun die Frage, was an der Argumentation des ersten Philosophen nicht stimmte. Dieser Philosoph hatte in dem Punkt gewiß recht, daß man dieselbe Antwort erhält, wenn man den beiden Brüdern dieselbe Frage stellt. Was der erste Philosoph sich jedoch nicht verdeutlicht hat, ist die Tatsache, daß man mit derselben Frage: »Sind *Sie* ein Mensch?«, je nachdem, an welchen der beiden Brüder sie gerichtet ist, im Grunde nicht dasselbe fragt, sondern zwei *verschiedene* Fragen stellt. Denn die Frage enthält das relative Wort *›Sie‹*, dessen Bedeutung abhängt von der Person, an die es gerichtet ist! Wenngleich man demzufolge auch dieselben Wörter benutzt, gegenüber verschiedenen Leuten ausgesprochen, bekommt die Frage jeweils einen andern Charakter.
Oder anders betrachtet: Vorausgesetzt, wir kennen die Namen der zwei Brüder – sagen wir, John heißt der normale Mensch und Jim der verrückte Vampir. Wenn ich jeden der beiden Brüder fragen würde: »Ist John ein Mensch?«, so würden beide mit Ja antworten, denn in diesem Falle stelle ich jedem *dieselbe* Frage. Desgleichen würden, wenn ich frage: »Ist Jim ein Mensch?«, beide Brüder mit Nein antworten. Doch wenn ich jeden Bruder frage: »Sind *Sie* ein Mensch?«, so ist meine Frage jeweils verschieden.

5

Die Insel der Fragensteller

Irgendwo in den unermeßlichen Weiten des Ozeans gibt es ein seltsames Eiland, das als die ›Insel der Fragensteller‹ bekannt ist. Ihr Name rührt her von dem Umstand, daß ihre Bewohner niemals Aussagen treffen, sondern lediglich Fragen stellen. Wie sie es dennoch schaffen, sich zu unterhalten, darauf werden wir später noch zurückkommen.

Die Bewohner stellen also nur Fragen, auf die man mit Ja oder Nein antworten muß. Jeder Bewohner gehört zu einer von zwei Gruppen, A und B. Diejenigen des Typs A stellen nur solche Fragen, auf die man korrekterweise mit Ja antwortet; die übrigen der Kategorie B stellen hingegen Fragen, deren richtige Antwort Nein ist. Zum Beispiel könnte ein Bewohner des Typs A fragen: »Ist zwei plus zwei gleich vier?« Er kann jedoch nicht fragen, ob zwei plus zwei fünf ist. Ein Insulaner der Kategorie B kann nicht fragen, ob zwei plus zwei vier beträgt, aber er kann fragen, ob zwei plus zwei fünf beträgt oder sechs.

1.

Angenommen, Sie treffen einen Eingeborenen dieser Insel, und er fragt Sie: »Gehöre ich Typ B an?« – Was würden Sie daraus schließen?

2.

Weiter angenommen, er hätte Sie gefragt, ob er zur Gruppe A gehört. Was hätten Sie daraus gefolgert?

3.

Einst habe ich diese Insel besucht und begegnete einem Ehepaar namens Ethan und Violet Russell. Ich hörte, wie Ethan jemanden fragte: »Gehören Violet und ich zu Typ B?«

Zu welchem Typ zählt Violet?

4.

Eines Tages traf ich zwei Brüder, die Arthur und Robert hießen. Arthur fragte Robert einmal: »Gehört wenigstens einer von uns zu Typ B?«
Welchen Kategorien gehören Arthur und Robert an?

5.

Danach begegnete ich einem Ehepaar, das den Nachnamen Gordon hatte. Herr Gordon fragte seine Frau: »Gehören wir zu verschiedenen Gruppen, Liebling?«
Welchen Schluß kann man über jeden der beiden ziehen?

6.

Alsdann traf ich einen Insulaner, der sich Zorn nannte. Er fragte mich: »Gehöre ich zu der Gruppe, die zu fragen vermag, ob ich zu Typ B zähle?«
Kann man irgend etwas über Herrn Zorn schlußfolgern, oder ist diese Geschichte unmöglich?

7.

Und um vom Tiefsinnigen zum Absurden zu gelangen, begegnete ich einem Einheimischen, der wissen wollte: »Gehöre ich zu dem Typ, der die Frage stellen kann, die ich jetzt stelle?«
Kann über ihn etwas gefolgert werden?

8.

Als nächstes traf ich mit einem Ehepaar zusammen, das Klink hieß. Frau Klink fragte ihren Mann: »Gehörst du zu der Kategorie, die zu fragen vermag, ob ich Typ A angehöre?«
Was kann über Herrn und Frau Klink gefolgert werden?

9.

Danach begegnete ich einem Ehepaar namens John und Betty Black. Betty fragte John: »Zählst du zu der Kategorie, die fragen kann, ob zumindest einer von uns dem Typ B angehört?«
Wozu muß man John und Betty rechnen?

Anmerkung: Die letzten beiden Rätsel erinnern mich ein bißchen an den Titel eines Liedes, das ich vor vielen Jahren einmal gehört habe. Es zählte zu einer Reihe von Liedern, die sich über die Psychoanalyse mokierten: »Ich kann mich nicht an jemanden wie dich gewöhnen, der sich so an mich gewöhnt hat.«

10.

Das folgende Ereignis war in der Tat ein logisches Knäuel. Ich begegnete drei Schwestern namens Alice, Betty und Cynthia. Alice fragte Betty: »Gehörst du zu der Kategorie von Leuten, die Cynthia fragen können, ob sie dem Typ angehört, der dich fragen kann, ob ihr zwei verschiedenen Typen zuzurechnen seid?«
Als ich weiterging, versuchte ich, das Gehörte aufzulösen, und fand schließlich heraus, daß es lediglich möglich war, eine Kategorie unter den drei Damen zu bestimmen. Um welche Dame handelt es sich und welchem Typ ist sie zuzuordnen?

Ein merkwürdiges Zusammentreffen

Die folgenden drei Begegnungen, deren Zeuge ich auf der ›Insel der Fragensteller‹ wurde, waren die sonderbarsten überhaupt. Drei Patienten waren aus einer der Heilanstalten, die wir in Kapitel 3 beschrieben haben, entflohen und hatten sich entschlossen, die Insel zu besuchen. Wir möchten wieder die Tatsache in Erinnerung rufen, daß ein Patient aus einer dieser Kliniken sowohl ›normal‹ als auch ›verrückt‹ sein kann, daß die normalen in all ihren Meinungsbildungen völlig fehlerfrei sind und die verrückten in all ihren Urteilen völlig falsch liegen. Desgleichen möchten wir noch einmal vergegenwärtigen, daß alle normalen wie verrückten Patienten immer aufrichtig sind; sie machen nur dann eine Aussage, wenn sie von ihrer Stimmigkeit überzeugt sind.

11.

Einen Tag nach ihrer Ankunft begegnete einer der Patienten, der Arnold hieß, einem Insulaner. Letzterer fragte ihn: »Glauben Sie, daß ich Typ B angehöre?«
Welche Schlüsse können wir daraus ableiten über den Insulaner und über Arnold?

12.

Am folgenden Tag hatte ein anderer der drei Patienten, Thomas, eine längere Unterhaltung mit einem Fragensteller (wenn man das überhaupt eine Unterhaltung nennen kann – Thomas stellte wie immer Behauptungen auf, und der Einheimische stellte wie üblich Fragen!). An einer Stelle fragte der Inselbewohner Thomas: »Glauben Sie, ich gehöre zu dem Typ, der Sie fragen kann, ob Sie verrückt sind?«
Welche Schlüsse können wir daraus ableiten über den Fragensteller und über Thomas?

13.

Ein paar Tage später führte ich ein Gespräch mit dem dritten Patienten, der Wilhelm hieß. Wilhelm berichtete mir, daß er am vorangegangenen Tag zufällig eine Unterhaltung zwischen Thomas und einem Einheimischen namens Hal mitbekommen habe. Thomas hatte zu Hal gesagt: »Sie gehören zu dem Typ, der fragen kann, ob ich glaube, daß Sie zu Typ B zählen.«
Kann daraus irgend etwas über Thomas, Hal oder Wilhelm abgeleitet werden?

Wer ist der Zauberer?

An diesem Punkt meiner Erlebnisse wußte ich noch nicht, ob Thomas normal oder verrückt war. Ich hatte auch nicht mehr viel Zeit, es herauszufinden. Am nächsten Tag verließen alle drei Patienten die Insel. Das letzte, was ich hörte, war, daß sie freiwillig in die Klinik zurückkehrten, aus der sie ausgebrochen waren. Offensichtlich fühlten sie sich dort wohl, da sie einstimmig der Meinung waren, daß das Leben außerhalb der Heilanstalt noch verrückter sei als innerhalb. Nun, es war eine Erleichterung, als die Dinge auf der Insel der Fragensteller wieder ihren normalen Verlauf nahmen. Doch dann kam mir ein Gerücht zu Ohren, welches mich wirklich sehr interessierte, – daß es nämlich auf dieser Insel einen Zauberer gäbe. Zauberer haben mich seit meiner Kindheit immer fasziniert, deshalb war ich sehr bestrebt, einem leibhaftigen zu begegnen, vorausgesetzt, das Gerücht traf zu. Ich fragte mich, wie ich das herausfinden könnte.

14.

Glücklicherweise stellte mir ein Fragensteller eines Tages eine Frage, durch die ich erkannte, daß es einen Zauberer auf dieser Insel geben mußte.

Können Sie sich eine solche Frage denken?

Der Leser wird nun wohl wissen wollen, wie mir das Gerücht über einen Zauberer auf dieser Insel zu Ohren gekommen ist bzw. wie ich überhaupt irgend etwas über die Insel erfahren konnte, da doch die Einwohner niemals Aussagen machen, sondern nur Fragen stellen. Angenommen, der Leser hat bislang noch nicht selbst die Antwort darauf herausgeknobelt, die Lösung dieses Problems läßt genau erkennen, daß die Bewohner einander Informationen ebenso uneingeschränkt (wenn auch irgendwie umständlicher) mitteilen können wie irgend jemand sonst.

Wie Sie sich vorstellen können, war ich begeistert, herausgefunden zu haben, daß es wirklich einen Zauberer auf der Insel gab. Ich erfuhr außerdem, daß er der einzige Zauberer der Insel war. Doch hatte ich keinerlei Vorstellung, wer er war.

Alsdann entdeckte ich, daß jedem Besucher, der seinen richtigen Namen erraten konnte, ein stattlicher Preis winkte. Der einzige Nachteil

war, daß jeder Besucher, der falsch riet, hingerichtet werden sollte.
Also stand ich am nächsten Morgen früh auf, spazierte auf der Insel umher und hoffte, daß die Einheimischen mir genügend Fragen stellen würden, damit ich in der Lage wäre, mit Sicherheit die richtigen Schlüsse zu ziehen, wer der Zauberer war. Folgendes geschah:

15.

Der erste Insulaner, den ich traf, hieß Arthur Good. Er fragte mich: »Bin ich der Zauberer?«
Hatte ich schon ausreichend Informationen um zu wissen, wer der Zauberer war?

16.

Der nächste Einheimische hieß Bernhard Grün. Er fragte mich: »Gehöre ich zu dem Typ, der fragen kann, ob ich nicht der Zauberer bin?«
Besaß ich nun genügend Informationen?

17.

Der folgende Fragensteller, Charles Mansfield, fragte: »Gehöre ich zu dem Typ, der zu fragen vermag, ob der Zauberer zu der Gruppe gehört, die fragen kann, ob ich der Zauberer bin?«
Besitze ich jetzt ausreichend Informationen?

18.

Der vierte Insulaner hieß Daniel Mott. Er fragte: »Gehört der Zauberer zu Typ B?«
Habe ich nun genügend Informationen?

19.

Der fünfte Einheimische hieß Edwin Drood. Er fragte: »Gehören der Zauberer und ich zum selben Typ?«
Hurra! Jetzt besaß ich genug Einzelheiten, um das Geheimnis zu lösen!
Wer ist der Zauberer?

Zugabe

Sind Sie ein guter Detektiv?
Wir erinnern uns an den Patienten Thomas, der zu Besuch auf die Insel kam. Ist er eigentlich normal oder verrückt?

Lösungen

1. Für jeden Einheimischen dieser Insel ist es unmöglich, eine solche Frage zu stellen. Wenn ein Einwohner der Gruppe A fragt: »Gehöre ich zu Typ B?«, so ist die richtige Antwort Nein (da er ja nicht B angehört); doch ein A-Typ kann keine Frage mit der Antwort Nein stellen. Darum kann kein Einheimischer des A-Typs so etwas fragen. Wenn nun ein Insulaner des Typs B die Frage stellt, so ist die richtige Antwort Ja (da er ja *wirklich* zu B gehört); doch kann kein B-Typ eine Frage mit der Antwort Ja stellen. Deshalb kann ein Bewohner des Typs B ebensowenig so etwas fragen.

2. Hieraus kann nichts gefolgert werden. Jeder Einwohner dieser Insel kann fragen, ob er zu Typ A zählt, egal ob er wirklich Typ A angehört oder Typ B. Gehört er zur Gruppe A, so heißt die richtige Antwort auf die Frage »Bin ich ein A-Typ?« in der Tat Ja, und jeder A-Typ kann jede Frage mit der Antwort Ja stellen.
Wenn andererseits der Fragensteller zur Kategorie B zählt, dann heißt die richtige Antwort darauf Nein, und jeder Bewohner des B-Typs kann eine Frage mit der Antwort Nein stellen.

3. Zuerst müssen wir herausfinden, welcher Kategorie Ethan angehört. Angenommen, Ethan zählt zu Gruppe A, dann muß die richtige Antwort auf seine Frage Ja sein (da Ja richtig ist, wenn der Fragensteller zum A-Typ zählt). Das würde bedeuten, daß Ethan und Violet Typ B angehören, und das wäre ein Widerspruch. Darum kann Ethan kein A-Typ sein. Er muß zur Gruppe B gehören. Da er ein B-Typ ist, so ist die richtige Antwort auf seine Frage Nein. Also kann es nicht stimmen, daß er und Violet zu B zählen. Das heißt, Violet muß A angehören.

4. Angenommen, Arthur wäre ein B-Typ, dann würde es stimmen, daß wenigstens einer der Brüder ein B-Typ ist. In diesem Falle wäre Ja die richtige Antwort auf seine Frage, was jedoch bedeuten würde, daß er zur Kategorie A zu zählen ist. Dies ist ein Widerspruch. Da Arthur kein B-Typ sein kann, muß er ein A-Typ sein. Daraus folgt, daß die richtige Antwort auf seine Frage Ja ist, was wiederum bedeutet, daß wenigstens einer von beiden zum Typ B zählt. Da Arthur nicht zu B zählt, so muß es Robert sein. Also gehört Arthur zu A und Robert zu B.

5. Über Herrn Gordon kann nichts ausgesagt werden, Frau Gordon hingegen muß Gruppe B angehören. Aus folgendem Grund:
Herr Gordon gehört entweder zu Typ A oder B. Vorausgesetzt, er gehört zu A, dann ist die richtige Antwort auf seine Frage Ja, was bedeutet, daß beide verschiedenen Typen angehören. Dies heißt wiederum, daß Frau Gordon ein B-Typ sein muß (da wir angenommen hatten, er gehöre zu A, und beide ja verschiedenen Gruppen zuzurechnen sind). Wenn also Herr Gordon ein A-Typ ist, so muß Frau Gordon ein B-Typ sein.
Nunmehr angenommen, Herr Gordon gehört zu B, dann ist die richtige Antwort auf seine Frage Nein, was bedeutet, daß beide nicht verschiedenen Typen angehören; sie gehören zum selben Typ. Das heißt, Frau Gordon ist wieder ein B-Typ. Wenn also Herr Gordon zu B zählt, dann Frau Gordon ebenfalls.
Das beweist, daß egal, ob Herr Gordon ein A- oder ein B-Typ ist, Frau Gordon zum Typ B gehört.
Eine andere Beweisführung – sehr viel einfacher, doch auch raffinierter – geht folgendermaßen: Wir wissen bereits von der ersten Aufgabe, daß niemand auf dieser Insel fragen kann, ob er zu B gehört. Nun, wenn Frau Gordon ein A-Typ wäre, dann entspräche die Frage, ob Herr

Gordon einem anderen Typ als Frau Gordon angehöre, der Frage, ob er ein B-Typ sei. Und so etwas kann er nicht fragen. Also kann Frau Gordon nicht zu Typ A gehören.

6. Diese Geschichte ist sehr gut möglich, Herr Zorn muß aber Typ B angehören. Die einfachste Art und Weise, das zu erkennen, ist, wenn wir uns erinnern (vgl. Aufgabe 1), daß kein Einwohner dieser Insel fragen kann, ob er zu B gehört. Wenn Herr Zorn also fragt, ob er dem Typ angehöre, welcher zu fragen vermag, ob er ein B-Typ ist, so heißt die richtige Antwort darauf Nein (da ja kein Einwohner fragen kann, ob er zu B gehört). Da also die richtige Antwort Nein lautet, muß Herr Zorn ein B-Typ sein.

7. Gerade weil der Insulaner *tatsächlich* die Frage gestellt hat, so *kann* er sie auch stellen. Demzufolge ist die richtige Antwort auf seine Frage Ja, und er gehört zur Kategorie A.

8. Über Frau Klink kann nichts abgeleitet werden, doch Herr Klink muß ein A-Typ sein. Aus folgendem Grund: Vorausgesetzt, Frau Klink gehört zur Gruppe A, dann ist die richtige Antwort auf ihre Frage Ja. Das bedeutet, daß Herr Klink seine Frau *tatsächlich* fragen kann, ob sie ein A-Typ ist. Und da Frau Klink zu A gehört, antwortet sie korrekterweise mit Ja, weshalb Herr Klink abenfalls ein A-Typ sein muß. Wenn Frau Klink also der Kategorie A angehört, so auch ihr Ehemann.
Nun vorausgesetzt, Frau Klink gehöre zu B. In diesem Fall heißt die richtige Antwort Nein, was bedeutet, daß Herr Klink nicht zu der Gruppe zählt, die fragen kann, ob seine Frau ein A-Typ ist. Also kann er keine Frage stellen, auf die richtigerweise mit Nein zu antworten wäre, und demnach muß er A angehören.
Also gehört Herr Klink zu A, ganz gleich zu welcher Gruppe seine Frau zählt.

9. Vorausgesetzt, Betty gehört A an, dann ist die richtige Antwort auf ihre Frage Ja. John kann also die Frage stellen, ob wenigstens einer von ihnen ein B-Typ ist. Doch dies führt zu einem Widerspruch: Wenn John zu A zählt, dann ist es falsch, daß zumindest einer von ihnen ein B-Typ ist. Also wäre die richtige Antwort auf seine Frage Nein, was für einen Angehörigen der Kategorie A nicht möglich ist. Wenn John B angehört, dann würde stimmen, daß wenigstens einer von ihnen ein B-Typ

ist, so daß die richtige Antwort auf seine Frage Ja wäre. Doch ein Angehöriger der Kategorie B kann keine Frage stellen, auf die korrekterweise mit Ja geantwortet werden müßte. Somit ist die Annahme, daß Betty zu A gehört, unmöglich; sie muß ein B-Typ sein.
Da Betty B angehört, ist die richtige Antwort auf ihre Frage Nein, was bedeutet, daß John sie nicht fragen kann, ob wenigstens einer von ihnen zu B zählt. Nun, wenn John ein A-Typ wäre, dann *könnte* er diese Frage stellen, da es ja stimmt, daß wenigstens einer von ihnen zu B zählt (nämlich Betty). Da er jedoch so etwas nicht fragen kann, muß er ebenfalls zu B gehören.
Die Antwort ist also, daß beide der Kategorie B zuzurechnen sind.

10. Es ist am leichtesten, bei der Lösung dieser Aufgabe schrittweise vorzugehen. Als erstes stellen wir ganz einfach folgende Behauptungen auf:
Behauptung 1: Einen beliebigen Bewohner X des Typs A kann kein anderer Bewohner fragen, ob er/sie und X verschiedenen Typen angehören.
Behauptung 2: Einen beliebigen Bewohner X des Typs B kann jeder andere Bewohner fragen, ob er/sie und X zu verschiedenen Typen zählen.
Behauptung 1 haben wir bereits in der Lösung der Aufgabe 5 bewiesen. Wir erfuhren dort, daß Frau Gordon zum Typ A zählte, und Herr Gordon sie nicht fragen *konnte*, ob er und sie demselben Typ angehörten.
Was Behauptung 2 betrifft – X gehört zu B –, so ist die Frage, ob jemand zu einem andern Typ gehört als dem, zu dem X zählt, gleichbedeutend mit der Frage, ob jemand ein A-Typ ist. Wie wir bereits in der Lösung zu Aufgabe 2 gesehen haben, kann jeder diese Frage stellen. Also kann jeder X fragen, ob er/sie zu einem andern Typ gehört, wenn X ein B-Typ ist.
Nun zu unserer Aufgabe: Ich werde nachweisen, daß die richtige Antwort auf Alices Frage Nein ist und sie insofern zum Typ B gehören muß. Mit anderen Worten, ich werde nachweisen, daß es für Betty *nicht* möglich ist, Cynthia zu fragen, ob letztere zu dem Typ zählt, der Betty fragen kann, ob Cynthia und Betty verschiedenen Gruppen angehören.
Angenommen, Betty fragt Cynthia, ob Cynthia zu fragen vermag, ob Cynthia und Betty zu verschiedenen Typen zählen. Wir kommen zu

folgendem Widerspruch: Betty gehört entweder Typ A oder Typ B an. Angenommen, Betty ist ein A-Typ, dann kann Cynthia *Behauptung 1* zufolge nicht fragen, ob sie und Betty verschiedenen Gruppen angehören. Denn die Antwort auf Bettys Frage wäre Nein, was nicht möglich ist, da Betty zu A gehört! Nehmen wir andererseits an, Betty sei ein B-Typ, dann *könnte* Cynthia *Behauptung 2* zufolge fragen, ob sie und Betty zu verschiedenen Typen zählen, und die richtige Antwort auf Bettys Frage wäre Ja, was jedoch nicht möglich ist, da Betty ja ein B-Typ ist.

Damit ist bewiesen, daß Betty niemals Cynthia die Frage stellen kann, von der Alice wissen möchte, ob Betty sie stellen kann. Somit ist die richtige Antwort auf Alices Frage Nein; Alice gehört demnach zu Typ B. Die Typen, zu denen Betty und Cynthia zählen, können nicht bestimmt werden.

11. Mir erscheint diese Aufgabe als die komischste in diesem Kapitel, da über den Einheimischen, der die Frage gestellt hat, keine Schlußfolgerungen abgeleitet werden können; was hingegen Arnold betrifft, obwohl er (soweit wir wissen) den Mund nicht aufgemacht hat, muß er verrückt sein! Tatsache ist, daß kein Einheimischer einen *normalen* Menschen fragen kann, ob er glaube, daß der Einheimische ein B-Typ sei. Denn einen normalen Menschen zu fragen, ob er glaube, daß dieses und jenes der Fall sei, ist gleichbedeutend mit der Frage, ob dieses und jenes wirklich der Fall ist, und kein Einheimischer kann fragen, ob er ein B-Typ ist. Also kann kein Einheimischer X einen Normalen fragen, ob er glaubt, daß X ein B-Typ ist.

Andererseits (und auf diese Tatsache kommen wir in einer späteren Aufgabe zurück) kann jeder Einheimische X eine *verrückte* Person fragen, ob sie glaubt, daß X ein B-Typ ist. Denn diese Frage einer verrückten Person zu stellen ist gleichbedeutend mit der Frage an X, ob X ein A-Typ ist. Und wir haben bereits gesehen, daß dies jedem Einheimischen X möglich ist.

12. Über Thomas kann nichts abgeleitet werden, doch der Insulaner, der die Frage gestellt hat, muß B angehören. Denn vorausgesetzt, er wäre ein Angehöriger der Gruppe A, dann wäre die richtige Antwort auf seine Frage Ja, was bedeuten würde, daß Thomas wirklich glaubt, der Einheimische könne ihn fragen, ob er verrückt sei. Nun, Thomas ist entweder normal oder verrückt. Angenommen, er ist normal, dann stimmt, was er glaubt, und das bedeutet, daß der Einheimische ihn

fragen könnte, ob er verrückt ist. Doch ein Angehöriger der Gruppe A kann nur Fragen stellen, deren korrekte Antwort Ja ist, was wiederum heißt, daß Thomas verrückt sein muß. Demzufolge führt die Annahme, Thomas sei normal, zu der Schlußfolgerung, daß er verrückt ist. Also ist die Annahme, Thomas sei normal, widersprüchlich. Setzen wir andererseits voraus, Thomas wäre verrückt, dann stimmt es nicht, wenn er glaubt, der Einheimische könne ihn fragen, ob Thomas verrückt sei. Also kann der Insulaner ihn nicht fragen, ob er verrückt ist (Thomas würde mit Nein antworten – unmöglich, wenn der Einheimische dem Typ A angehört). Doch wenn Thomas verrückt ist und der Einheimische A angehört, dann *könnte* letzterer gemäß den Regeln der Insel der Fragensteller Thomas fragen, ob er verrückt ist (da ja die richtige Antwort Ja wäre). Demnach ist es erneut widersprüchlich anzunehmen, daß Thomas verrückt ist.
Der einzige Ausweg aus diesem Widerspruch ist die Annahme, daß der Einheimische Typ B angehört. Dann gibt es keinen Widerspruch mehr, egal ob Thomas normal oder verrückt ist.

13. Ich werde zeigen, daß die Geschichte, die Wilhelm erzählt hat, niemals wirklich geschehen sein kann. Also muß Wilhelm verrückt sein, wenn er daran glaubt.
Angenommen, die Geschichte hätte sich wirklich zugetragen, so gelangen wir zu folgendem Widerspruch: Wir setzen voraus, daß Thomas normal ist, dann ist seine Aussage richtig, derzufolge Hal Thomas fragen kann, ob er glaubt, daß Hal Typ B angehöre. Doch entsprechend der Lösung von Aufgabe 11 besagt dies, daß Thomas verrückt ist! Also ist es widersprüchlich anzunehmen, daß Thomas normal ist. Setzen wir andererseits voraus, daß Thomas verrückt ist, dann ist seine Aussage falsch. Demnach kann Hal Thomas nicht fragen, ob er glaubt, Hal gehöre zu Typ B. Doch wie wir in Aufgabe 11 sahen, *kann* ein Einheimischer eine verrückte Person fragen, ob sie glaube, er sei ein B-Typ. Wir sind also auch in diesem Falle in einem Widerspruch verfangen. Der einzige Ausweg ist, daß Thomas eine solche Frage niemals an einen Einheimischen gerichtet hat und Wilhelm sich alles nur einbildete.

14. Viele Fragen erreichen das. Ich würde folgende bevorzugen:
»Gehöre ich dem Typ an, der zu fragen vermag, ob es auf dieser Insel einen Zauberer gibt?«
Vorausgesetzt, der Fragesteller gehört zu A, dann ist die richtige Ant-

wort auf seine Frage Ja. Der Fragende *kann* fragen, ob es einen Zauberer auf der Insel gibt. Denn wenn er ein A-Typ ist, so kann er nur dann fragen, ob es einen Zauberer auf der Insel gibt, wenn tatsächlich ein solcher dort vorhanden ist (so daß die richtige Antwort Ja wäre). Demnach muß, wenn der Fragesteller Typ A angehört, ein Zauberer auf der Insel sein.
Nunmehr angenommen, der Fragesteller ist ein B-Typ, dann ist die richtige Antwort auf seine Frage Nein. Das heißt, er kann nicht fragen, ob es einen Zauberer auf der Insel gibt.
Wenn es nun keinen Zauberer auf der Insel *gäbe*, dann *könnte* der Fragesteller (der Kategorie B) die Frage stellen, ob es einen Zauberer auf Insel gibt (da die richtige Antwort Nein wäre). Da er dies jedoch (wie wir gesehen haben) nicht fragen kann, folgt daraus, daß es tatsächlich einen Zauberer auf der Insel geben muß. Damit ist bewiesen, daß es, wenn der Fragende B angehört, einen Zauberer auf der Insel geben muß. Also egal, ob der Fragesteller ein A-Typ oder ein B-Typ ist, es muß einen Zauberer auf der Insel geben.

15. Natürlich nicht!

16. Es kann nur gefolgert werden, daß Bernhard Grün kein Zauberer ist (nach derselben Begründung wie in der Lösung zu Aufgabe 14).

17. Es kann nur gefolgert werden, daß der Zauberer dem Typ zugehört, der fragen kann, ob Charles Mansfield der Zauberer ist. (Wir erinnern uns daran, was wir in Aufgabe 11 herausgefunden hatten: Wenn ein Einheimischer fragt: »Gehöre ich zu dem Typ, der dieses und jenes fragen kann?«, so muß das betreffende »dieses und jenes« tatsächlich wahr sein.)

18. Es kann nur gefolgert werden, daß Daniel Mott nicht der Zauberer ist (denn der Zauberer kann nicht fragen, ob er – der Zauberer – ein B-Typ ist; niemand kann fragen, ob er ein B-Typ ist).

19. Von dem allein, was Edwin Drood fragt, kann unmöglich abgeleitet werden, wer der Zauberer ist. Doch durch Edwin Droods Frage *zusammen mit vorangegangenen Fragen* wird die Aufgabe vollständig lösbar!
Was aus Edwin Droods Frage folgt, ist die Tatsache, daß der Zauberer Typ A angehören muß. Denn angenommen, Edwin gehört A an, so ist

die richtige Antwort auf seine Frage Ja. Demnach zählen er und der Zauberer wirklich zum selben Typ; der Zauberer wäre also auch ein A-Typ. Wenn wir andererseits voraussetzen, daß Edwin B angehört, so muß die richtige Antwort auf seine Frage Nein lauten. Das bedeutet, daß er und der Zauberer nicht zum selben Typ zählen. Da Edwin in diesem Fall ein B-Typ ist und der Zauberer nicht demselben Typ angehört wie Edwin, so muß der Zauberer wiederum ein A-Typ sein. Damit ist bewiesen, daß der Zauberer ein A-Typ ist. Nun haben wir in Aufgabe 17 gesehen, daß der Zauberer zu fragen vermag, ob Charles Mansfield der Zauberer ist. Da der Zauberer ein A-Typ ist, so lautet die richtige Antwort auf seine Frage Ja. Demnach muß Charles Mansfield der Zauberer sein!

Zugabe: Ich hatte gesagt, daß Arnold, Thomas und Wilhelm einstimmig der Meinung waren, daß das Leben außerhalb der Heilanstalt noch verrückter ist als innerhalb. Da Thomas einer Meinung ist mit Arnold und Wilhelm, die verrückt sind, so muß Thomas auch verrückt sein.

6

Die Insel der Träume

Einmal habe ich geträumt, daß es eine Insel gäbe, die man ›Die Insel der Träume‹ nennt. Die Bewohner dieser Insel träumen sehr anschaulich, sehr lebendig. Ja, in der Tat sind die Bilder, die ihnen im Schlaf vor den Augen vorüberziehen, ebenso klar und deutlich, als erlebten sie sie im Wachzustand. Mehr noch, ihr Traumleben folgt von Nacht zu Nacht demselben inneren Zusammenhang wie ihr waches Erleben tagsüber. Infolgedessen haben einige der Bewohner mitunter Schwierigkeiten zu unterscheiden, ob sie gerade wach sind oder schlafen. Nun aber gehört jeder Einwohner einer von zwei Gruppen an: einem *Tagtypus* bzw. einem *Nachttypus*. Ein Bewohner des Tagtypus läßt sich dadurch charakterisieren, daß alles, was er im Wachzustand denkt, wahr, und alles, was er im Schlafe denkt, falsch ist. Bei den Bewohnern des Nachttypus ist es umgekehrt: alles, was eine Person des Nachttypus im Schlafe denkt, ist richtig, und alles, was sie im Wachzustand denkt, ist falsch.

1.

Einmal glaubte ein Inselbewohner, daß er ein Tagtypus wäre. Kann festgestellt werden, ob seine Annahme richtig war? Kann festgestellt werden, ob er zu dieser Zeit wach war oder schlief?

2.

Ein andermal glaubte ein Einheimischer, er schliefe gerade. Kann man herausfinden, ob richtig war, was er glaubte? Kann man feststellen, welchem Typus er angehörte?

3.

(a) Stimmt es, daß sich die Überzeugung eines Inselbewohners, dem Tag- oder dem Nachttypus anzugehören, niemals ändert?
(b) Stimmt es, daß sich die Überzeugung eines Einwohners, gerade wach zu sein oder zu schlafen, niemals ändert?

4.

Einmal glaubte eine Insulanerin, daß sie entweder schlafe oder zum Nachttypus gehöre oder daß beides zusammen der Fall sei. *(Oder* bedeutet *wenigstens eine, möglicherweise aber auch beide Alternativen.)*
Kann festgestellt werden, ob sie wach war oder schlief? Kann man sagen, zu welchem Typus sie zählt?

5.

Einmal glaubte ein Bewohner, daß er sowohl gerade schlafe als auch dem Tagtypus angehöre. Was stimmte?

6.

Es gibt auf der Insel ein Ehepaar mit Namen Kulp. Einmal glaubte Herr Kulp, daß er und seine Frau dem Nachttypus zuzurechnen wären. Zur selben Zeit glaubte Frau Kulp, daß sie beide keine Nachttypen wären. Als dies geschah, war einer von ihnen wach, während der andere seelenruhig schlief.
Wer von ihnen war wach?

7.

Ein weiteres Ehepaar auf dieser Insel heißt Byron. Ein Partner gehört dem Nachttypus, der andere dem Tagtypus an. Einmal glaubte die Ehefrau, daß sie beide entweder gerade schliefen oder wach wären. Gleichzeitig glaubte der Ehemann, daß sie weder beide schliefen noch wach wären.
Wer hatte recht?

8.

Erstaunlicherweise glaubte ein Inselbewohner namens Edward einmal, daß er und seine Schwester Ellen beide dem Nachttypus angehörten und daß er gleichzeitig kein Nachttypus wäre.

Wie ist so etwas möglich? Ist er nun ein Nachttypus oder ein Tagtypus? Und was ist seine Schwester? War er wach oder schlief er zu dieser Zeit?

9. Die königliche Familie

Auf der Insel der Träume gibt es einen König, eine Königin und eine Prinzessin. Einmal glaubte die Prinzessin, daß ihre Eltern von unterschiedlichem Typus wären. Zwölf Stunden später veränderte sich ihr Zustand (entweder vom Schlafen zum Wachen oder umgekehrt), und sie nahm an, daß ihr Vater ein Tagtypus und ihre Mutter ein Nachttypus wäre.
Zu welchem Typus gehört der König und zu welchem die Königin?

10. Und wo bleibt der Hexenmeister?

Auf keiner Insel darf ein Zauberer fehlen, ein Magier, ein Medizinmann, Hexenmeister oder so etwas ähnliches. Nun, wie es sich gerade so trifft, gibt es auch auf unserer Insel einen Hexenmeister, und zwar nur einen einzigen. Von ihm handelt das folgende Rätsel, ein besonders hintergründiges:
Einmal wollte ein Einheimischer namens Ork wissen, ob er selbst der Hexenmeister wäre. Er gelangte zu der Überzeugung, daß er, wenn er ein Tagtypus und zu diesem Zeitpunkt wach wäre, der Hexenmeister sein müsse. – Zur selben Zeit glaubte ein anderer Einwohner namens Bork, daß, wenn er entweder wach und ein Tagtypus wäre oder wenn er ein Nachttypus wäre und schliefe, er (Bork) dann der Hexenmeister sein müsse. Ork und Bork waren zu der Zeit entweder beide wach, oder sie schliefen beide.
Ist der Hexenmeister ein Tag- oder ein Nachttypus?

11. Meta-Rätsel

Ich habe einst einem Freund folgendes Rätsel über diese Insel aufgegeben:

»Einmal glaubte ein Bewohner, daß er wach und ein Tagtypus wäre. Wie war es wirklich?«
Mein Freund dachte eine Weile darüber nach und erwiderte dann: »Du hast mir offensichtlich nicht genug Informationen mitgeteilt!« – Natürlich hatte mein Freund recht! Daraufhin wollte er wissen: »Weißt *du* denn, welchem Typus er angehörte und ob er zu der Zeit wach war oder gerade schlief?«
»Oh ja«, erwiderte ich, »zufällig kenne ich diesen Menschen gut, und ich weiß, welchem Typus er angehört und ob er zur besagten Zeit wach war oder schlief.«
Mein Freund stellte alsdann eine scharfsinnige Frage: »Wenn du mir sagen würdest, ob er ein Tag- oder ein Nachttypus ist, hätte ich dann genügend Informationen, um zu wissen, ob er zu diesem Zeitpunkt wach war oder schlief?«
Ich antwortete ihm wahrheitsgemäß (Ja oder Nein), und er war sodann in der Lage, das Rätsel zu lösen.
Gehörte der Betreffende dem Tag- oder dem Nachttypus an? War er zu dieser Zeit gerade wach, oder schlief er?

12. Ein schwieriges Meta-Rätsel

Ein andermal gab ich einem Freund folgendes Rätsel auf, das mit dieser Insel zu tun hatte:
»Eine Inselbewohnerin glaubte einst, daß sie schliefe und ein Nachttypus wäre. Was stimmte?«
Mein Freund begriff sofort, daß ich ihm nicht genug mitgeteilt hatte.
»Angenommen, du sagst mir, ob die Dame ein Nacht- oder ein Tagtypus ist«, fragte mein Freund, »könnte ich dann daraus schlußfolgern, ob sie zu dieser Zeit schlief oder wach war?«
Ich antwortete ihm wahrheitsgemäß, doch war er *nicht* in der Lage, die Aufgabe zu lösen (er besaß noch nicht genug Informationen).
Ein paar Tage später stellte ich dieselbe Aufgabe einem anderen Freund (ohne ihm vom ersten zu erzählen). Dieser zweite Freund begriff ebenso, daß ich ihm nicht genug Informationen gegeben hatte. Er fragte darum: »Vorausgesetzt, du würdest mir sagen, ob die betreffende Dame zu diesem Zeitpunkt wach war oder schlief, besäße ich dann ausreichende Information, um zu wissen, ob sie ein Tag- oder ein Nachttypus ist?«

Ich antwortete ihm wahrheitsgemäß, aber er war nicht in der Lage, die Aufgabe zu lösen (er besaß ebenfalls nicht genug Informationen). Jetzt aber haben *Sie* ausreichende Information, um das Rätsel zu lösen. Gehörte die Dame dem Tag- oder dem Nachttypus an, und war sie zu dieser Zeit wach, oder schlief sie?

Nachwort

Angenommen, die in diesem Kapitel beschriebene Insel existierte wirklich und ich wäre einer ihrer Bewohner. Wäre ich dann ein Tag- oder ein Nachttypus? Kann man das tatsächlich auf der Grundlage der Dinge, die ich in diesem Kapitel gesagt habe, beantworten?

Lösungen

1., 2., 3. Lassen Sie uns zuerst einen Überblick darüber gewinnen, daß folgende Regeln gelten:

Regel 1: Während ein Bewohner wach ist, glaubt er, ein Tagtypus zu sein.

Regel 2: Während ein Bewohner schläft, glaubt er, ein Nachttypus zu sein.

Regel 3: Bewohner des Tagtypus glauben immer, daß sie wach sind.

Regel 4: Bewohner des Nachttypus glauben immer, sie schlafen.

Beweis für Regel 1: Angenommen, X ist ein Bewohner, der zu einer bestimmten Zeit wach ist. Wenn X dem Tagtypus angehört, dann treffen zwei Merkmale zusammen: er ist wach und ein Tagtypus; also stimmt, was er zu der gegebenen Zeit glaubt, und er weiß, daß er ein Tagtypus ist. – Setzen wir andererseits voraus, X gehöre dem Nachttypus an, dann sind seine Annahmen als die eines Nachttypus, der zu einer gegebenen Zeit wach ist, falsch. Er glaubt also irrtümlicherweise, ein Tagtypus zu sein. Zusammengefaßt: Wenn X wach ist, dann glaubt er als Angehöriger des Tagtypus korrekterweise, ein Tagtypus zu sein, und als Angehöriger des Nachttypus fälschlicherweise, ein Tagtypus zu sein.

Der Beweis für Regel 2 läßt sich ganz entsprechend führen: Wenn X schläft, dann glaubt er als Angehöriger des Nachttypus korrekterweise, ein Nachttypus zu sein, und als Angehöriger des Tagtypus fälschlicherweise, ein Nachttypus zu sein.

Beweis für Regel 3: Vorausgesetzt, X ist ein Tagtypus. Wenn er wach ist, stimmt, was er glaubt. Also weiß er, daß er wach ist. Doch wenn er schläft, stimmt nicht, was er glaubt. Demnach nimmt er irrtümlicherweise an, er sei wach. Somit glaubt er korrekterweise, wach zu sein, wenn er wach ist, und fälschlicherweise glaubt er ebenso, wach zu sein, wenn er schläft.

Die Beweisführung der Regel 4 entspricht ganz der von Regel 3 und soll dem Leser überlassen bleiben.

Nun zur Lösung von Aufgabe 1: Wir können nicht mit Bestimmtheit sagen, ob seine Annahme richtig war, doch muß er zu dieser Zeit wach gewesen sein. Denn wenn er geschlafen hätte, dann hätte er (entsprechend Regel 2) eher geglaubt, dem Nachttypus anzugehören statt dem Tagtypus.

Was Aufgabe 2 betrifft, können wir wieder nicht entscheiden, ob seine Annahme richtig war, doch muß der Einheimische ein Nachttypus gewesen sein. Denn hätte es sich um einen Tagtypus gehandelt, so hätte er (Regel 3 zufolge) eher geglaubt, daß er wach wäre, statt anzunehmen, er schlafe.

Was Aufgabe 3 betrifft, heißt die Antwort zu (a) Nein. Denn entsprechend den Regeln 1 und 2 ändert sich die Annahme eines Inselbewohners, dem Tag- bzw. dem Nachttypus anzugehören, je nachdem, ob er sich gerade im Zustand des Wachseins oder des Schlafens befindet. Doch die Antwort zu (b) heißt Ja (nach den Regeln 3 und 4).

4. Man kann diese Aufgabe systematisch lösen, indem man der Reihe nach jede der vier Möglichkeiten ins Auge faßt: (1) sie ist ein Nachttypus und schläft; (2) sie ist ein Nachttypus und wach; (3) sie ist ein Tagtypus und schläft; (4) sie ist ein Tagtypus und wach. Nun kann man sehen, welche der Möglichkeiten mit den gegebenen Bedingungen vereinbar ist. Ich bevorzuge jedoch folgende Argumentation:

Zuerst einmal die Frage, kann ihre Annahme falsch sein? Wenn sie falsch ist, dann schläft sie weder noch ist sie ein Nachttypus. Das bedeutet, sie ist ein Tagtypus und wach. Doch dies ist ein Widerspruch, da eine Person, die wach und ein Tagtypus ist, keine falschen Annahmen bilden kann. Darum kann ihre Annahme nicht falsch sein, sie muß richtig sein. Das bedeutet, daß sie schläft und dem Nachttypus angehört.

5. Diese Aufgabe kann wiederum dadurch gelöst werden, daß man der Reihe nach die vier Möglichkeiten ausprobiert, doch ich bevorzuge auch hier eine kreativere Lösungsweise.
Könnte seine Annahme richtig gewesen sein? Wenn dem so wäre, dann schlief er in der Tat und gehörte dem Tagtypus an. Doch jemand, der ein Tagtypus ist und gerade schläft, kann keine korrekten Annahmen bilden. Darum war seine Annahme falsch. Nun sind die einzigen Gelegenheiten, bei denen ein Inselbewohner eine falsche Annahme bildet, die, daß entweder ein Tagtypus gerade schläft oder ein Nachttypus wach ist. Wenn er ein Tagtypus wäre, der gerade schlief, dann hätte seine Annahme gestimmt (da er das ja annahm). Also mußte es sich um einen Nachttypus handeln, der wach war.

6. Wenn man dieses Rätsel systematisch in Angriff nehmen wollte, so müßte man sechzehn Fälle in Betracht ziehen! (Vier Möglichkeiten des Ehemannes; und mit jeder dieser vier gehen vier Möglichkeiten der Ehefrau einher.) Glücklicherweise gibt es eine einfachere Methode, an diese Aufgabe heranzugehen.
Da zunächst einmal einer von beiden schläft und der andere wach ist und da sie entgegengesetzte Annahmen bilden, so müssen beide Kulps demselben Typus angehören (d. h. beide sind entweder Tag- oder Nachttypen). Denn wenn sie von unterschiedlichem Typus wären, so würden sie gegensätzliche Annahmen nur dann bilden, sofern beide schlafen bzw. beide wach sind. Andererseits würden ihre Annahmen übereinstimmen, wenn einer schliefe und der andere wach wäre. Da ihre Annahmen jedoch nicht übereinstimmen, wenn ein Partner schläft, während der andere wach ist, so müssen sie demselben Typus angehören.
Da also feststeht, daß beide Kulps entweder dem Tag- oder dem Nachttypus angehören, lassen Sie uns zunächst voraussetzen, beide würden zum Nachttypus zählen. In diesem Falle würde zutreffen, was der Ehemann gerade glaubte, und da es sich um einen Nachttypus handelt, muß er zu dieser Zeit geschlafen haben. – Nun, vorausgesetzt, beide gehören zum Tagtypus, dann stimmte es offensichtlich nicht, wenn der Ehemann annahm, daß beide zum Nachttypus zählten. Und da er ein Tagtypus ist und eine falsche Annahme bildete, so muß er zu dieser Zeit geschlafen haben. Somit ist es gleich, ob sie zum Tag- oder zum Nachttypus gehören, der Ehemann muß zur besagten Zeit geschlafen haben, während Frau Kulp wach war.

7. Diese Lösung ist noch einfacher: Da jeder der beiden Ehepartner einem verschiedenen Typus angehört, so müssen ihre Annahmen gegensätzlich sein, wenn sie sich im selben Zustand des Wachseins bzw. des Schlafens befinden, und ihre Annahmen müssen dieselben sein, wenn sie sich in unterschiedlichem Zustand des Schlafens bzw. des Wachseins befinden. Da in diesem Falle ihre Annahmen gegensätzlich waren, so befanden sie sich beide in demselben Zustand des Schlafens oder des Wachseins. Also hatte Frau Byron recht.

8. Offensichtlich muß sich Edward zu der Zeit in einem Stadium geistiger Unzulänglichkeit befunden haben, um diese beiden logisch unvereinbaren Behauptungen glauben zu können. Demnach müssen Edwards Annahmen beide falsch sein. Da er der Überzeugung war, daß beide, er und Ellen, dem Nachttypus angehörten, so gehören beide nicht zum Nachttypus. Und da er glaubte, er wäre kein Nachttypus, so *ist* er ein solcher. Demnach ist er ein Nachttypus, doch *beide* gehören nicht zum Nachttypus; also ist Ellen ein Tagtypus. Da er ein Nachttypus ist und zur besagten Zeit eine falsche Annahme bildete, so muß er wach gewesen sein. Folglich lautet die Antwort, daß Edward ein Nachttypus ist, seine Schwester ein Tagtypus, und er war wach.

9. Da die Prinzessin ihren Schlaf- bzw. Wachzustand änderte, so muß eine von ihren beiden Annahmen richtig und die andere falsch sein. Das bedeutet, eine der beiden folgenden Behauptungen stimmt und die andere nicht:

(1) König und Königin gehören einem unterschiedlichen Typus an.

(2) Der König gehört zum Tagtypus und die Königin zum Nachttypus.

Wenn (2) richtig ist, dann muß (1) ebenfalls richtig sein. Doch wir wissen, daß beide Sätze nicht zutreffen können. Demnach muß (2) falsch und folglich (1) richtig sein. Also gehören König und Königin tatsächlich einem unterschiedlichen Typus an, doch ist es nicht der Fall, daß der König dem Tagtypus und die Königin dem Nachttypus zuzurechnen wäre. Folglich ist der König ein Nachttypus und die Königin ein Tagtypus.

10. Angenommen, Ork wäre ein Tagtypus und zur besagten Zeit wach. Würde aus dieser Voraussetzung folgen, daß Ork der Hexenmeister sein muß? Ja, in der Tat, und zwar aufgrund folgender Beweisführung: Angenommen, Ork wäre wirklich ein Tagtypus und zu der gegebenen

Zeit wach, dann wäre seine Annahme richtig, was bedeutet, daß er der Hexenmeister *ist*, wenn er ein Tagtypus und wach ist. Doch er ist ein Tagtypus und wach unserer Voraussetzung zufolge; deshalb muß er (immer noch derselben Voraussetzung folgend) der Hexenmeister sein. Somit führt die Voraussetzung, daß er ein Tagtypus und wach ist, zu der Schlußfolgerung, daß er der Hexenmeister ist. Das beweist natürlich weder, daß die Voraussetzung der Wahrheit entspricht, noch daß er der Hexenmeister ist, sondern er ist nur *dann* der Hexenmeister, *wenn* er ein Tagtypus und wach ist. Wir haben also nichts anderes als die hypothetische Behauptung aufgestellt, daß Ork *dann* der Hexenmeister ist, *wenn* er ein Tagtypus und wach ist. Nun, es war eben derselbe hypothetische Satz, den Ork zu der Zeit annahm; darum war das, was Ork glaubte, korrekt! Das bedeutet, daß Ork zu der gegebenen Zeit entweder ein Tagtypus und wach war, oder er war ein Nachttypus und schlief gerade, doch wir können (noch) nicht sagen, welches von beidem. Deshalb ist es nicht notwendigerweise wahr, daß Ork der Hexenmeister ist, da es sein kann, daß er ein Nachttypus ist und zu der Zeit schlief.
Nun ist, einer ganz ähnlichen Beweisführung folgend, Borks Annahme ebenfalls richtig: Ob Bork entweder ein Tagtypus und wach ist, oder ob er ein Nachttypus ist und gerade schläft, *in jedem Falle* stimmt, was er glaubt, und das bedeutet, daß er der Hexenmeister sein muß. Nun, das ist genau das, was Bork glaubt; somit stimmt, was er glaubt. Da stimmt, was Bork glaubt, so ist er entweder ein Tagtypus und zu der Zeit gerade wach, oder er ist ein Nachttypus und schläft gerade. Doch auf jeden Fall muß er der Hexenmeister sein.
Da Bork der Hexenmeister ist, so ist es Ork nicht. Deshalb kann Ork kein Tagtypus und zu der besagten Zeit nicht wach gewesen sein, da wir aufgezeigt haben, daß, wäre dies der Fall, *er* der Hexenmeister sein würde. Also schlief Ork zur besagten Zeit und gehört dem Nachttypus an. Darum schlief Bork ebenfalls, und da seine Annahme zu der Zeit richtig war, muß er dem Nachttypus angehören. Der Hexenmeister ist also ein Nachttypus.

11. Aus der Tatsache, daß der Inselbewohner glaubte, ein Tagtypus und wach zu sein, folgt lediglich, daß er nicht dem Nachttypus angehörte und nicht schlief. Somit gibt es drei Möglichkeiten:
(1) Er war ein Nachttypus und wach (und bildete falsche Annahmen).
(2) Er war ein Tagtypus und schlief gerade (und bildete falsche Annahmen).

(3) Er war ein Tagtypus und wach (und bildete richtige Annahmen).

Nun nehmen wir an, ich hätte meinem Freund verraten, ob der Insulaner dem Tag- oder dem Nachttypus angehörte; hätte mein Freund dann die Aufgabe lösen können? Nun, das hinge davon ab, was ich ihm gesagt hätte. Wenn ich ihm erzählt hätte, der Einheimische wäre ein Nachttypus, so hätte mein Freund gewußt, daß der oben genannte Fall 1 die einzige Möglichkeit bliebe. Damit hätte er gewußt, daß der Insulaner wach war. Wenn ich ihm andererseits gesagt hätte, der Insulaner wäre ein Tagtypus, so wäre Fall 1 zwar erledigt, doch Fall 2 und 3 noch offen gewesen, und mein Freund hätte keine Möglichkeit mehr gehabt herauszufinden, welche dieser letzten beiden Möglichkeiten eigentlich in Frage käme. Somit hätte er die Aufgabe nicht lösen können.

Nun, mein Freund fragte mich nicht, ob der Inselbewohner dem Tag- oder dem Nachttypus angehöre; er fragte mich lediglich, ob er die Aufgabe lösen könne, *wenn* ich ihm sagen würde, ob der Einwohner dem Tag- oder dem Nachttypus angehöre. Wenn der Einwohner tatsächlich ein Tagtypus wäre, dann hätte ich die Frage meines Freundes mit Nein beantworten müssen (denn wie ich bereits gezeigt habe, hätte er die Aufgabe nicht lösen können, wenn ich ihm gesagt hätte, daß der Einwohner dem Tagtypus zuzurechnen wäre). Doch wenn der Einwohner ein Nachttypus wäre, dann hätte ich seine Frage mit Ja beantworten müssen (da, wie ich bereits ausgeführt habe, mein Freund die Aufgabe hätte lösen können, wenn ich ihm gesagt hätte, daß der Einheimische ein Nachttypus wäre). Deshalb muß ich, da mein Freund wußte, daß der Einwohner ein Nachttypus und wach war, mit Ja geantwortet haben.

12. Aus der Tatsache, daß sie glaubte, ein Nachttypus zu sein und zu schlafen, folgt lediglich, daß sie kein Tagtypus war und wach war. Somit bleiben drei Möglichkeiten übrig:

(1) Sie war ein Nachttypus und schlief.
(2) Sie war ein Nachttypus und wach.
(3) Sie war ein Tagtypus und schlief.

Wenn ich auf die Frage meines ersten Freundes mit Ja geantwortet hätte, so hätte er (durch eine Beweisführung wie in der Lösung des vorangegangenen Rätsels) gewußt, daß (3) die einzige Möglichkeit war. Doch da er die Aufgabe nicht löste, muß ich mit Nein geantwortet haben. Damit entfällt (3), und (1) und (2) bleiben übrig.

Jetzt betrachten wir meinen zweiten Freund. Wenn ich mit Ja geantwortet hätte, so hätte er herausfinden können, daß nur (2) die einzige passende Möglichkeit ist [da nur (2) die Alternative ist, derzufolge die Dame wach ist, wohingegen sie (1) und (3) zufolge schläft]. Da dieser zweite Freund die Aufgabe ebensowenig lösen konnte, mußte ich ihm gleichfalls mit Nein geantwortet haben, wodurch die Möglichkeit (2) entfällt. Es bleibt also nur die Möglichkeit (1) als die einzig gültige – das bedeutet, die Einheimische gehörte zum Nachttypus und schlief, wie sie selbst korrekterweise angenommen hatte.
Kurz zusammengefaßt heißt das: Durch die Tatsache, daß mein erster Freund die Aufgabe nicht lösen konnte, entfällt (3), und durch die Tatsache, daß mein zweiter Freund sie nicht zu lösen vermochte, entfällt (2). Übrig bleibt (1): Sie gehörte dem Nachttypus an und schlief.

Nachwort. Zu Beginn des Kapitels habe ich gesagt, daß ich *träumte*, es gäbe solch eine Insel. Wenn es wirklich solch eine Insel gäbe, dann hätte ich etwas Wahres geträumt; wenn ich demnach einer ihrer Bewohner wäre, dann müßte ich zum Nachttypus gehören.

7
Meta-Rätsel

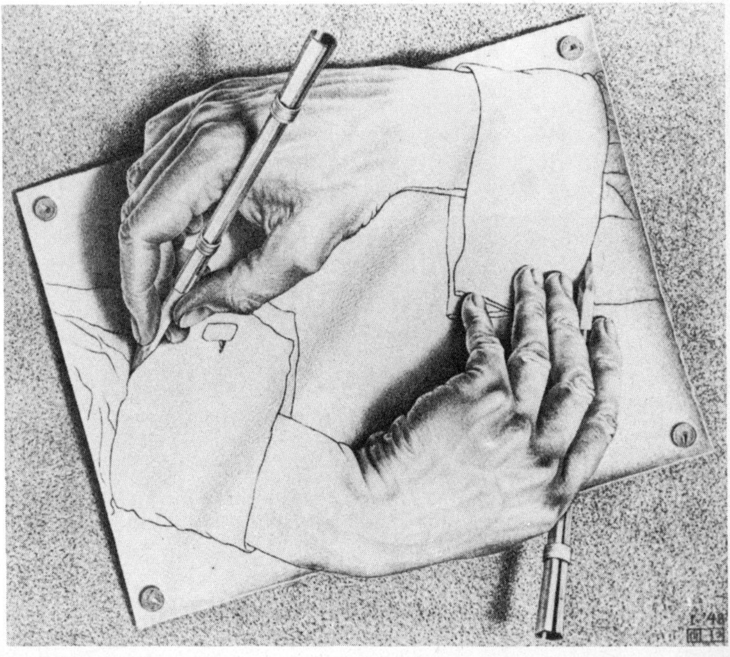

Die beiden letzten Denkaufgaben des vorangegangenen Kapitels (mit Ausnahme des Nachworts) sind Beispiele für eine faszinierende Rätselart, die ich Meta-Rätsel – oder Rätsel über Rätsel – nennen möchte. Hierbei handelt es sich um Denkaufgaben ohne ausreichende Angaben, die zur Lösung erforderlich sind. Doch darüber hinaus erfahren wir, daß jemand anderes die Aufgabe lösen bzw. nicht lösen kann, nachdem man ihm bestimmte zusätzliche Informationen mitgeteilt hat. Wir selbst aber erfahren nicht immer den Inhalt eben dieser zusätzlichen Informationen, sondern erhalten Teilinformationen darüber, so daß wir als Leser in der Lage sind, die Aufgabe zu lösen. Diese bemerkenswerte Rätselgattung findet man bedauerlicherweise in der Literatur ziemlich selten. Die hier nun folgenden fünf Rätsel sind solcher Art. Sie beginnen ganz leicht und werden zunehmend schwieriger. Das letzte Rätsel ist die Krönung dieses sowie des vorhergehenden Kapitels.

1. Der Fall John

Dieser Fall hatte mit identischen (d. h. eineiigen) Zwillingen zu tun und zog eine gerichtliche Untersuchung nach sich. Man wußte, daß zumindest einer der Zwillinge niemals die Wahrheit sagte, doch wer von ihnen, war nicht bekannt. Einer der Zwillinge, der John hieß, hatte eine Straftat begangen. (John war nicht unbedingt derjenige, der immer log.) Zweck der Untersuchung war herauszufinden, wer John war.

»Sind Sie John?« fragte der Richter den ersten der Zwillinge.

»Ja, das bin ich«, lautete die Antwort.

»Sind Sie John?« fragte der Richter den zweiten der Zwillinge. Dieser antwortete darauf entweder mit Ja oder mit Nein, und der Richter wußte alsdann, welcher von beiden John war.

War John der erste oder der zweite der Zwillinge?

2. Ein transsylvanisches Meta-Rätsel

In Kapitel 4 haben wir gesehen, daß jeder Transsylvanier einer von vier Kategorien angehört: (1) normaler Mensch; (2) verrückter Mensch; (3) normaler Vampir; (4) verrückter Vampir.

Normale Menschen machen nur wahre (d. h. sowohl richtige als auch aufrichtige) Aussagen; verrückte Menschen machen nur falsche Aussagen (aufgrund ihrer Geistesverwirrung, nicht aus Absicht); normale Vampire machen nur falsche Aussagen (aufgrund von Unaufrichtigkeit, nicht Geistesverwirrung); und verrückte Vampire machen nur wahre Aussagen (d. h. sie glauben, die Aussage sei falsch, doch sie lügen und behaupten, die Aussage sei wahr).

Einmal sprachen drei Logiker über ihre Reisen nach Transsylvanien, die sie unabhängig voneinander unternommen hatten.

»Als ich dort war«, sagte der erste Logiker, »begegnete ich einem Transsylvanier namens Igor. Ich fragte ihn, ob er ein ›normaler‹ Mensch wäre, und Igor antwortete mir (Ja oder Nein), aber ich konnte aufgrund seiner Antwort nicht sagen, was er war.«

»Das ist ein erstaunlicher Zufall«, sagte der zweite Logiker. »Auf *meiner* Reise bin ich demselben Igor begegnet. Ich fragte ihn, ob er ein normaler Vampir wäre, und er antwortete mir (Ja oder Nein), doch ich konnte nicht erraten, was er war.«

»Ein wirklich überaus erstaunlicher Zufall!« rief der dritte Logiker aus. »Ich bin ebenfalls Igor begegnet und habe ihn gefragt, ob er ein verrückter Vampir wäre. Er antwortete mir (Ja oder Nein), doch ich konnte daraus ebensowenig folgern, was er war.«

Ist Igor normal oder verrückt? Ist er ein Mensch oder ein Vampir?

3. Ein Meta-Rätsel von Rittern und Schurken

In meinem Buch »Wie heißt dieses Buch?« gibt es eine Unmenge von Rätseln über eine Insel, auf der jeder Bewohner entweder ein Ritter oder ein Schurke ist. Ritter sagen immer die Wahrheit, und Schurken lügen immer. Hier ist ein Meta-Rätsel von Rittern und Schurken.

Einmal besuchte ein Logiker diese Insel und begegnete zwei Bewohnern, A und B. Er fragte A: »Sind Sie beide Ritter?« A antwortete entweder mit Ja oder mit Nein. Der Logiker dachte eine Weile nach, hatte jedoch noch nicht genügend Informationen, um entscheiden zu können, was sie wären. Er fragte alsdann A: »Gehören Sie beide zum selben Typ?« (*Derselbe Typ* bedeutet entweder beides Ritter oder beides Schurken.) A antwortete entweder mit Ja oder mit Nein, und der Logiker wußte daraufhin, zu welchem Typ jeder gehörte.

Wer gehört zu welchem Typ?

4. Ritter, Schurken und Normale

Auf der Insel der Ritter, Schurken und Normalen sagen die Ritter immer die Wahrheit, die Schurken lügen immer, und diejenigen, die als *die Normalen* bezeichnet werden, können entweder lügen oder die Wahrheit sagen (und tun manchmal das eine, manchmal das andere).
Einmal habe ich diese Insel besucht und begegnete zwei Bewohnern, A und B. Ich wußte bereits, daß einer von ihnen ein Ritter war und der andere ein Normaler, doch wußte ich nicht, wer was war. So fragte ich A, ob B normal wäre, und er antwortete mir entweder mit Ja oder mit Nein. Damit wußte ich, wer was war.
Wer von beiden ist normal?

5. Wer ist der Spion?

Nun kommen wir zu einem weitaus kniffligeren Meta-Rätsel!
In diesem Fall standen drei Angeklagte vor Gericht, A, B und C. Schon zu Beginn des Verfahrens war bekannt, daß es sich bei dem einen der drei um einen Ritter handelte (er sagte immer die Wahrheit), bei dem andern um einen Schurken (er log immer) und bei dem dritten schließlich um einen *Spion*, der ›normal‹ war (manchmal log er, und manchmal sagte er die Wahrheit). Durch das Gerichtsverfahren sollte der Spion ermittelt werden.
Zuerst sollte A aussagen. Er behauptete, daß C entweder ein Schurke wäre oder der Spion; welcher von beiden, wissen wir nicht. B sagte dann aus, daß A entweder ein Ritter wäre, ein Schurke oder der Spion, doch welcher genau, ist uns nicht bekannt. Schließlich sagte C über B aus, er wäre entweder ein Ritter, ein Schurke oder der Spion, doch wieder wissen wir nicht genau, wer von ihnen. Der Richter wußte sodann, wer der Spion war, und verurteilte ihn.
Dieser Fall wurde einem Logiker berichtet, der sich eine Zeitlang damit beschäftigte und dann sagte: »Ich habe nicht genügend Informationen, um feststellen zu können, wer der Spion ist.« Dem Logiker wurde daraufhin mitgeteilt, was A ausgesagt hatte, und er fand sodann heraus, wer der Spion war.
Wer ist der Spion – A, B oder C?

Lösungen

1. Wenn der zweite der Zwillinge auch mit Ja geantwortet hätte, so hätte der Richter ganz offensichtlich nicht wissen können, wer von ihnen John war. Demnach muß der zweite mit Nein geantwortet haben. Das bedeutet, daß beide Zwillinge entweder die Wahrheit gesagt oder gelogen haben. Sie können aber nicht beide die Wahrheit gesagt haben, weil feststeht, daß zumindest einer von ihnen immer lügt. Deshalb logen beide, was bedeutet, daß John der zweite der Zwillinge ist. (Wer von den beiden immer log, kann nicht entschieden werden.)

2. Der erste Logiker fragte Igor, ob er ein normaler Mensch wäre. Wenn Igor ein normaler Mensch *ist*, würde er mit Ja antworten; wenn er ein verrückter Mensch ist, würde er auch mit Ja antworten (denn als verrückter Mensch würde er fälschlicherweise annehmen, ein normaler Mensch zu sein, und dann aufrichtig diese Ansicht aussprechen); wenn Igor ein normaler Vampir ist, würde er ebenfalls mit Ja antworten (denn als ein normaler Vampir würde er wissen, daß er kein normaler Mensch ist, doch er würde lügen und behaupten, er wäre es); nur wenn Igor ein verrückter Vampir ist, würde er mit Nein antworten (denn als verrückter Vampir glaubt er, ein normaler Mensch zu sein, doch was er glaubt, verkehrt er wieder durch eine Lüge). Ein verrückter Vampir beantwortet diese Frage also mit Nein; die anderen drei bejahen die Frage. Wenn Igor nun mit Nein geantwortet hätte, so hätte der erste Logiker erkannt, daß Igor ein verrückter Vampir ist. Doch der erste Logiker wußte nicht, was Igor war, demnach muß seine Frage bejaht worden sein. Wir können daraus lediglich folgern, daß es sich bei Igor nicht um einen verrückten Vampir handelt.
Was die zweite Frage – »Sind Sie ein normaler Vampir?« – betrifft, so würde ein verrückter Mensch mit Ja antworten, doch jeder der andern drei mit Nein. (Der Nachweis dafür soll dem Leser überlassen bleiben.) Da der zweite Logiker aufgrund von Igors Antwort nicht sagen konnte, wer Igor war, so muß Igor die Frage verneint haben, was bedeutet, daß Igor kein verrückter Mensch ist.
Und was die dritte Frage – »Sind Sie ein verrückter Vampir?« – angeht, so hätte ein normaler Mensch mit Nein geantwortet, jeder der anderen drei jedoch mit Ja. Da der dritte Logiker nicht feststellen konnte, wer Igor war, muß seine Frage bejaht worden sein, was bedeutet, daß es sich bei Igor um keinen normalen Menschen handelt.

Da Igor weder ein verrückter Vampir noch ein verrückter Mensch noch ein normaler Mensch ist, muß er ein normaler Vampir sein.

3. Es gibt vier Möglichkeiten:
Fall 1: A und B sind Ritter.
Fall 2: A ist ein Ritter, und B ist ein Schurke.
Fall 3: A ist ein Schurke, und B ist ein Ritter.
Fall 4: A und B sind Schurken.
Der Logiker fragte A zuerst, ob sie beide Ritter wären. Wenn Fall 1, Fall 3 oder Fall 4 zutrifft, wird A die Frage bejahen, wenn Fall 2 zutrifft, wird er sie verneinen. (Die Beweisführung dazu soll dem Leser überlassen bleiben.) Da der Logiker aus A's Antwort nicht ersehen konnte, wer die Inselbewohner waren, so muß A mit Ja geantwortet haben. Damit wußte der Logiker lediglich, daß Fall 2 entfiel. Als nächstes fragte er A, ob sie beide demselben Typ angehörten. Im Fall 1 und 3 würde A die Frage bejahen, im Fall 2 und 4 sie verneinen. (Wieder möchte ich dem Leser die Beweisführung überlassen.) Wenn der Logiker nun ein Ja zur Antwort bekommen hätte, so hätte er nur gewußt, daß entweder Fall 1 oder Fall 3 zutrifft, doch nicht, welcher von beiden. Somit muß er ein Nein zur Antwort erhalten haben. Er wußte demnach, daß entweder Fall 2 oder Fall 4 zutrifft, Fall 2 hatte er jedoch bereits ausgeschlossen. Somit mußte Fall 4 gelten. A und B sind also Schurken.

4. Wenn A bejaht hätte, dann hätte A ein Ritter sein können oder ein Normaler (der log), und ich hätte nicht zu entscheiden vermocht, wer was wäre. Wenn A verneint hätte, dann hätte er kein Ritter sein können (denn dann wäre B der Normale gewesen, und A hätte gelogen); demnach wäre A ein Normaler gewesen. Nur auf einem einzigen Wege konnte ich herausgefunden haben, wer was war, nämlich dadurch, daß A verneinte. Also ist A der Normale.

5. Wir nehmen selbstverständlich an, daß beide, der Richter wie der Logiker, dem man den Fall berichtet hatte, perfekt waren in Angelegenheiten, die eine präzise Schlußfolgerung verlangen.
Es gibt zwei Möglichkeiten: Entweder hat man dem Logiker mitgeteilt, daß A von C behauptete, er (C) wäre ein Schurke, oder A sagte über C aus, er (C) wäre der Spion. Beide Möglichkeiten müssen wir untersuchen.
Möglichkeit 1: A sagt, C sei ein Schurke.

Es gibt nun drei mögliche Fälle in bezug auf B's Aussage, und jeden müssen wir einzeln untersuchen:

Fall 1: B sagt, A sei ein Ritter. Daraus folgt: (1) Wenn A ein Ritter ist, ist C ein Schurke (weil A sagt, C sei ein Schurke), folglich ist B der Spion. (2) Wenn A ein Schurke ist, dann ist B's Aussage falsch, was bedeutet, daß B der Spion sein muß (er ist kein Schurke, weil A dies schon ist); C ist demnach ein Ritter. (3) Wenn A der Spion ist, dann ist B's Aussage falsch, was bedeutet, daß B der Schurke ist und C folglich der Ritter.

Wir halten also fest:

(1) A ist ein Ritter, B der Spion, C der Schurke.
(2) A ist ein Schurke, B der Spion, C der Ritter.
(3) A ist der Spion, B der Schurke, C der Ritter.

Jetzt nehmen wir an, C behauptet, B sei der Spion. Dann entfallen (1) und (3). – Denn (1) zufolge kann C als Schurke nicht behaupten, B sei der Spion, da B es tatsächlich ist, und (3) zufolge kann C als Ritter nicht behaupten, B sei der Spion, da B es nicht ist. – Damit bliebe nur noch (2) bestehen, woraus der Richter ersehen könnte, daß B der Spion ist.

Jedoch angenommen, C sagt aus, B sei ein Ritter, dann bliebe nur (1) als Alternative stehen, und der Richter könnte demzufolge wiederum B als Spion überführen.

Nunmehr angenommen, C sagt aus, B sei ein Schurke, dann kann der Richter nicht entscheiden, ob (1) oder (3) zutrifft, er kann nicht wissen, ob A oder B der Spion ist, und folglich kann er niemanden überführen. Deshalb hat C nicht ausgesagt, daß B ein Schurke ist.

(Natürlich gelten unsere bisherigen Überlegungen erst für die Annahme, daß Fall 1 zutrifft, wonach B aussagt, daß A ein Ritter ist.) Wenn also Fall 1 zutrifft, dann ist nur B derjenige, den der Richter überführen kann.

Fall 2: B sagt, A sei der Spion. Wir überlassen es dem Leser, nachzuweisen, daß die folgenden Möglichkeiten in Frage kommen:

(1) A ist ein Ritter, B der Spion, C ein Schurke.
(2) A ist ein Schurke, B der Spion, C ein Ritter.
(3) A ist der Spion, B ein Ritter, C ein Schurke.

Wenn C aussagt, B sei der Spion, dann muß entweder (2) oder (3) zutreffen, und der Richter kann folglich keinen Schuldigen finden. Wenn C aussagt, B sei ein Ritter, dann kann nur (1) zutreffen, und der Richter hätte die Möglichkeit, B zu überführen. Wenn C aussagen würde, B wäre ein Schurke, dann kämen (1) oder (3) in Frage, und der

Richter könnte niemanden überführen. Demnach muß C gesagt haben, daß B ein Ritter ist, und B wurde für schuldig erklärt.
Also ist auch unter der Annahme von Fall 2 wieder B der Schuldige.
Fall 3: B sagt, A sei ein Schurke. In diesem Fall gibt es vier Möglichkeiten (wovon der Leser sich selbst überzeugen kann):
(1) A ist ein Ritter, B der Spion, C ein Schurke.
(2) A ist ein Schurke, B der Spion, C ein Ritter.
(3) A ist ein Schurke, B ein Ritter, C der Spion.
(4) A ist der Spion, B ein Schurke, C ein Ritter.
Wenn C sagt, B sei der Spion, so gilt (2) oder (3), und der Richter könnte nicht entscheiden, wer der Schuldige ist. Wenn C sagt, B sei ein Ritter, so können (1) oder (3) zutreffen, und wieder vermag der Richter niemanden zu überführen. Wenn C sagt, B sei ein Schurke, so können (1), (3) oder (4) zutreffen, und der Richter wüßte wieder nicht, bei wem die Schuld zu suchen wäre.
Demzufolge entfällt der Fall 3. Wir wissen also, daß entweder Fall 1 oder Fall 2 zutrifft, und in beiden Fällen würde der Richter B überführen.
Wenn also Möglichkeit 1 zutrifft (A sagt, C sei ein Schurke), dann muß B der Spion sein. Wenn man darum dem Logiker berichtet hätte, daß A aussagte, C wäre ein Schurke, so hätte er die Aufgabe lösen können und gewußt, daß B der Spion ist.
Möglichkeit 2: Wir setzen jetzt voraus, man hätte dem Logiker berichtet, A habe ausgesagt, daß C der Spion ist. Ich möchte aufzeigen, daß der Logiker dann nicht in der Lage gewesen wäre, die Aufgabe zu lösen. Denn einerseits besteht eine Möglichkeit, derzufolge der Richter A überführen könnte, und andererseits existiert eine zweite Möglichkeit, nach der der Richter B für schuldig erklärt. Der Logiker könnte nicht entscheiden, welche dieser Möglichkeiten richtig ist.
Um dies zu beweisen, lassen Sie uns also annehmen, daß A aussagt, C sei der Spion. Nach folgendem Verfahren hätte der Richter A der Schuld überführen können: Wir nehmen an, daß B sagt, A sei ein Ritter, und C sagt aus, B sei ein Schurke. Wenn A der Spion ist, könnte B ein Schurke sein (der fälschlicherweise behauptet, A sei ein Ritter) und C ein Ritter (der aufrichtigerweise behauptet, B sei ein Schurke). A (als Spion) würde dann fälschlicherweise ausgesagt haben, daß C ein Spion ist. Demnach ist es wirklich möglich, daß A, B und C diese drei Behauptungen aufstellten, und daß A der Spion ist.
Wenn nun B der Spion wäre, dann müßte A ein Schurke sein, um

behaupten zu können, C wäre der Spion, und C müßte ebenfalls ein Schurke sein, um zu behaupten, B wäre ein Schurke. Dies aber ist nicht möglich.

Wenn C der Spion wäre, dann müßte A ein Ritter sein, um aufrichtigerweise behaupten zu können, C wäre ein Spion, und B müßte gleichfalls ein Ritter sein, um ehrlich zu behaupten, daß A ein Ritter ist. Das aber ist auch nicht möglich. Deshalb muß A der Spion sein (wenn B sagt, daß A ein Ritter ist, und C behauptet, B sei ein Schurke). Somit besteht die Möglichkeit, A zu überführen.

Nun folgt ein Beweisverfahren, um B zu überführen: Wir nehmen an, daß B aussagt, A sei ein Ritter, und C behauptet, B sei der Spion. (Immer noch unter der Voraussetzung, daß A sagt, C sei der Spion.) Wenn A der Spion ist, so ist B ein Schurke, da er aussagt, A sei ein Ritter. Und C ist ebenfalls ein Schurke, da er behauptet, B sei der Spion. Dies ist also nicht möglich. – Wenn C der Spion ist, ist A ein Ritter (da er aussagt, C sei der Spion), und B ist gleichfalls ein Ritter, da er sagt, A sei ein Ritter. Dies ist also ebensowenig möglich. Doch wenn B der Spion ist, entsteht kein Widerspruch (A könnte ein Schurke sein, der sagt, daß C der Spion ist; C könnte ein Ritter sein, der aussagt, B sei der Spion; und B könnte ausgesagt haben, daß A ein Ritter ist). Somit ist es möglich, daß A, B und C diese drei Behauptungen aufstellten, woraufhin der Richter B überführte.

Ich habe nun ausgeführt, daß, wenn A C als den Spion bezeichnet, für den Richter die Möglichkeit besteht, sowohl A als auch B zu überführen, und zwischen beiden keine Entscheidung getroffen werden kann. Wenn man darum dem Logiker berichtet hätte, daß A C als Spion bezichtigte, so hätte der Logiker keine Möglichkeit gehabt, die Aufgabe zu lösen. Doch es steht fest, daß er sie gelöst hat, darum muß man ihm mitgeteilt haben, daß A C als einen Schurken bezeichnete. Danach hätte der Richter (wie wir uns vergewissert haben) nur B überführen können. B ist also der Spion.

8

Das Geheimnis des Schlosses von Monte Carlo

Wir haben Inspektor Craig aus den Augen verloren, als er bequem in einem Zug saß, schon außerhalb der Grenzen von Transsylvanien, erleichtert bei dem Gedanken, sich endgültig auf dem Heimweg zu befinden. »Genug von diesen Vampiren!« sagte er zu sich. »Ich bin froh, daß es jetzt nach London zurückgeht, wo die Dinge ihren normalen Lauf nehmen!«

Craig wußte noch nicht, daß vor seiner Heimkehr ein weiteres Abenteuer auf ihn wartete – ein Abenteuer von ganz anderer Art als die beiden, von denen wir schon erzählt haben, eins für die Freunde von Kombinationsrätseln. Denn folgendes geschah:

Der Inspektor beschloß, seine Fahrt in Paris zu unterbrechen, um noch einige Dinge zu erledigen. Dann nahm er einen Zug von Paris nach Calais in der Absicht, von dort nach Dover überzusetzen. Aber als er in Calais ausstieg, kam ein französischer Polizist auf ihn zu, übergab ihm ein Telegramm aus Monte Carlo und bat ihn, sofort mitzukommen, um ein »wichtiges Problem« lösen zu helfen.

»Großer Gott«, stöhnte Craig, »in diesem Tempo werde ich nie nach Hause kommen!«

Aber Pflicht war Pflicht, und so änderte Craig seine Pläne, fuhr nach Monte Carlo und wurde auf dem Bahnhof von einem Beamten namens Martínez empfangen, der ihn sofort zu einer der zahlreichen Banken brachte.

»Das Problem ist folgendes«, erklärte Martínez. »Wir haben die Kombination für unseren größten Safe verloren, und ihn zu sprengen wäre untragbar teuer!«

»Wie konnte denn *das* passieren?« fragte Craig.

»Die Kombination steht nur auf einer einzigen Karte, und einer der Angestellten hat sie versehentlich in dem Safe liegenlassen, als er ihn verschloß!«

»Großer Gott!« entfuhr es Craig. »Und keiner erinnert sich an die Kombination?«

»Absolut niemand«, seufzte Martínez. »Und das schlimmste ist, wenn die falsche Kombination benutzt wird, bleibt das Schloß auf Dauer gesperrt. Dann gibt es keinen anderen Weg, als den Safe zu sprengen, was aber, wie gesagt, nicht möglich ist, nicht nur wegen der hohen Kosten, sondern auch, weil einige sehr wertvolle und äußerst empfindliche Gegenstände in ihm aufbewahrt werden.«

»Nun wüßte ich aber doch gern«, sagte Craig, »warum Sie einen Schließmechanismus benutzen, der jederzeit durch eine falsche Kombination beschädigt werden kann.«

»Ich bin sehr dagegen gewesen, dieses Schloß zu kaufen«, sagte Martínez, »aber ich wurde von dem Direktorium überstimmt. Sie behaupteten, der Mechanismus hätte einige so außerordentlich günstige Eigenschaften, daß der Nachteil, eine falsche Kombination könnte ihn möglicherweise zerstören, ausgeglichen sei.«
»Das ist wirklich die absurdeste Situation, von der ich je gehört habe!« bemerkte Craig.
»Ich stimme Ihnen vollkommen zu!« rief Martínez. »Aber was soll nun *geschehen*?«
»Offen gestanden, mir fällt nichts ein«, antwortete Craig, »und *ich* kann bestimmt keine Hilfe sein, weil es keine Anhaltspunkte gibt. Ich fürchte sehr, daß ich diese Reise umsonst gemacht habe!«
»Oh, es gibt allerdings Anhaltspunkte!« sagte Martínez schon etwas lebhafter. »Sonst hätte ich nicht veranlaßt, daß Sie sich herbemühen.«
»So?« bemerkte Craig erstaunt.
»Gewiß«, sagte Martínez. »Vor einiger Zeit hatten wir hier einen sehr interessanten, wenn auch etwas wunderlichen Angestellten, einen Mathematiker, der sich besonders für Kombinatorikrätsel interessierte. Er hatte ein leidenschaftliches Interesse an Kombinationsschlössern und hat den Mechanismus an diesem Safe genau untersucht. Er erklärte, dies sei der ungewöhnlichste und klügste Schließmechanismus, der ihm je begegnet sei. Er dachte sich ständig Rätsel aus, und viele von uns hatten ihren Spaß daran. Einmal kam er mit einem Manuskript, in dem er mehrere Eigenschaften des Schließmechanismus aufgeführt hatte, und behauptete, daß wir aus diesen Eigenschaften tatsächlich eine Kombination *ableiten* könnten, mit der sich der Safe öffnen ließe. Er gab uns das Manuskript als weitere Rätselaufgabe, aber es war viel zu schwer, als daß einer von uns es hätte lösen können, und so war es bald in Vergessenheit geraten.«
»Und wo ist dieser Text?« fragte Craig. »Ich nehme an, er ist auch in dem Safe eingeschlossen, zusammen mit der Karte, auf der die Kombination steht?«
»Erfreulicherweise nicht«, antwortete Martínez, indem er den Text aus der Schreibtischschublade zog. »Zum Glück habe ich ihn hier aufbewahrt.«
Inspektor Craig las den Text genau durch.
»Ich verstehe, warum keiner von euch das Rätsel gelöst hat; es scheint äußerst schwierig zu sein! Wäre es nicht einfacher, wenn Sie sich an den Autor wenden? Sicher erinnert er sich an die Kombination oder kann sie rekonstruieren, meinen Sie nicht?«

»Er hat hier unter dem Namen ›Martin Farkus‹ gearbeitet, aber das war vermutlich nicht sein richtiger Name«, antwortete Martínez. »All unsere Bemühungen, ihn zu finden, waren ergebnislos.«

»Hm«, gab Craig zurück, »ich denke, die einzige Alternative ist zu versuchen, das Rätsel zu lösen, aber das kann Wochen und Monate dauern.«

»Da ist noch eine Sache, die ich Ihnen mitteilen muß«, sagte Martínez. »Es ist absolut unvermeidlich, daß der Safe am 1. Juni geöffnet wird; er enthält einige Staatspapiere, die am Morgen des 2. Juni vorgelegt werden *müssen*. Wenn wir die Kombination bis dahin nicht gefunden haben, sind wir gezwungen, den Safe sprengen zu lassen, ganz gleich, wieviel uns das kostet. Die Dokumente selbst werden durch die Explosion keinen Schaden nehmen, weil sie in einem sehr stabilen inneren Safe sind, der den größtmöglichen Abstand zur Tür des äußeren Safes hat. Und was die anderen Gegenstände betrifft – diese Dokumente sind nun einmal am wichtigsten. Aber es wäre uns eine Menge Geld wert, wenn wir diese Alternative verhindern könnten!«

»Ich werde sehen, was ich tun kann«, sagte Craig und erhob sich. »Ich kann Ihnen nichts versprechen, aber natürlich werde ich mein Bestes versuchen.«

Ich will Ihnen nun von dem Inhalt des Farkusschen Manuskripts erzählen. Zunächst einmal bestanden die Kombinationen aus Buchstaben, nicht aus Ziffern. Also verstehen wir unter einer *Kombination* jede beliebige Folge aus Großbuchstaben des Alphabets. Sechsundzwanzig verschiedene Großbuchstaben können vorkommen. Die Kombination kann von beliebiger Länge sein und eine beliebige Anzahl von Buchstaben enthalten, die beliebig oft vorkommen können; beispielsweise ist BABXL eine Kombination; ebenso ist XEGGEXY eine. Auch ein einzelner Buchstabe zählt als Kombination (eine Kombination der Länge 1). Nun können bestimmte Kombinationen das Schloß öffnen, bestimmte andere blockieren es, und die restlichen Kombinationen haben überhaupt keinen Einfluß auf den Mechanismus. Kombinationen solcher Art werden *neutrale* genannt.

Wir werden die kleinen Buchstaben x und y benutzen, um beliebige Kombinationen zu bezeichnen, und xy bedeutet die Kombination x, gefolgt von der Kombination y; wenn etwa x die Kombination GAQ ist und y die Kombination DZBF, dann ist xy die Kombination GAQDZBF. Mit der *Umkehrung* einer Kombination ist die Kombination von hinten nach vorne geschrieben gemeint; die Umkehrung der

Kombination BQFR wäre somit RFQB. Mit der *Wiederholung xx* einer Kombination *x* ist gemeint die Kombination, gefolgt von sich selbst; beispielsweise ist die Wiederholung von BQFR die Kombination BQFRBQFR.

Nun bezog sich Farkus (oder wie immer er wirklich hieß) auf bestimmte Kombinationen, von denen er sagte, sie hätten eine *besondere Beziehung* zu anderen (oder möglicherweise zu sich selbst), aber er legte nicht genau fest, was er mit diesem Begriff meinte. Er führte jedoch genügend Eigenschaften dieser »besonderen Beziehung« (was immer das sein mochte) an, um einem klugen Kopf zu ermöglichen, eine Kombination zu finden, mit der sich das Schloß öffnen läßt! Er führte die folgenden fünf Schlüsseleigenschaften an (von denen er sagte, daß jede beliebige Kombination von *x* und *y* sie besitze):

Eigenschaft Q: Für jede Kombination *x* gilt, daß die Kombination Q*x*Q eine besondere Beziehung zu *x* hat. (Beispielsweise hat QCFRQ eine besondere Beziehung zu CFR.)

Eigenschaft L: Wenn *x* eine besondere Beziehung zu *y* hat, dann hat L*x* eine besondere Beziehung zu Q*y*. (Da zum Beispiel QCFRQ eine besondere Beziehung zu CFR hat, hat LQCFRQ eine besondere Beziehung zu QCFR.)

Eigenschaft V (die Umkehreigenschaft): Wenn *x* eine besondere Beziehung zu *y* hat, dann hat V*x* eine besondere Beziehung zu der Umkehrung von *y*. (Da zum Beispiel QCFRQ eine besondere Beziehung zu CFR hat, hat VQCFRQ eine besondere Beziehung zu RFC.)

Eigenschaft R (die Wiederholungseigenschaft): Wenn *x* eine besondere Beziehung zu *y* hat, dann hat R*x* eine besondere Beziehung zu *yy* (der Wiederholung von *y*). (Da zum Beispiel QCFRQ eine besondere Beziehung zu CFR hat, hat RQCFRQ eine besondere Beziehung zu CFRCFR. Ebenso hat – wie wir in dem Beispiel zu Eigenschaft V gesehen haben – VQCFRQ eine besondere Beziehung zu RFC, und folglich hat RVQCFRQ eine besondere Beziehung zu RFCRFC.)

Eigenschaft Sp: Wenn *x* eine besondere Beziehung zu *y* hat, dann ist, wenn *x* das Schloß blockiert, *y* neutral, und wenn *x* neutral ist, blockiert *y* das Schloß. (Wir haben beispielsweise gesehen, daß RVQCFRQ eine besondere Beziehung zu RFCRFC hat. Würde also RVQCFRQ das Schloß blockieren, so hätte RFCRFC keine Wirkung auf den Mechanismus, und wenn LVQCRFQ keine Wirkung auf den Mechanismus hat, dann blockiert RFCRFC das Schloß.)

Mit diesen fünf Bedingungen ist es tatsächlich möglich, eine Kombination zu finden, mit der sich das Schloß öffnen läßt. (Die kürzeste mir bekannte Kombination hat die Länge 10, und es gibt noch weitere.)

Nun wird von dem Leser kaum erwartet, daß er das Rätsel bereits an dieser Stelle löst; hinter diesem Mechanismus steckt eine vollständige Theorie, die sich im Verlauf der nächsten Kapitel Schritt für Schritt entfalten wird. Diese Theorie steht im Zusammenhang mit einigen sehr interessanten Entdeckungen in der Mathematik und Logik, die sich später zeigen werden.

Tatsächlich arbeitete Craig nach seiner Unterredung mit Martínez mehrere Tage lang an diesem Rätsel, aber er konnte keine Lösung finden.

»Es hat keinen Sinn, länger hierzubleiben«, sagte sich Inspektor Craig. »Ich habe keine Vorstellung davon, wie lange dies hier dauern wird, und zu Hause kann ich ebensogut daran arbeiten.«

Und so fuhr Craig nach London zurück. Daß das Rätsel überhaupt je gelöst wurde, war nicht nur dem Scharfsinn von Craig und zweien seiner Freunde (die wir sehr bald kennenlernen werden) zu verdanken, sondern auch dem bemerkenswerten Zusammentreffen verschiedener Umstände, von denen wir im folgenden erzählen wollen.

9
Eine merkwürdige Zahlenmaschine

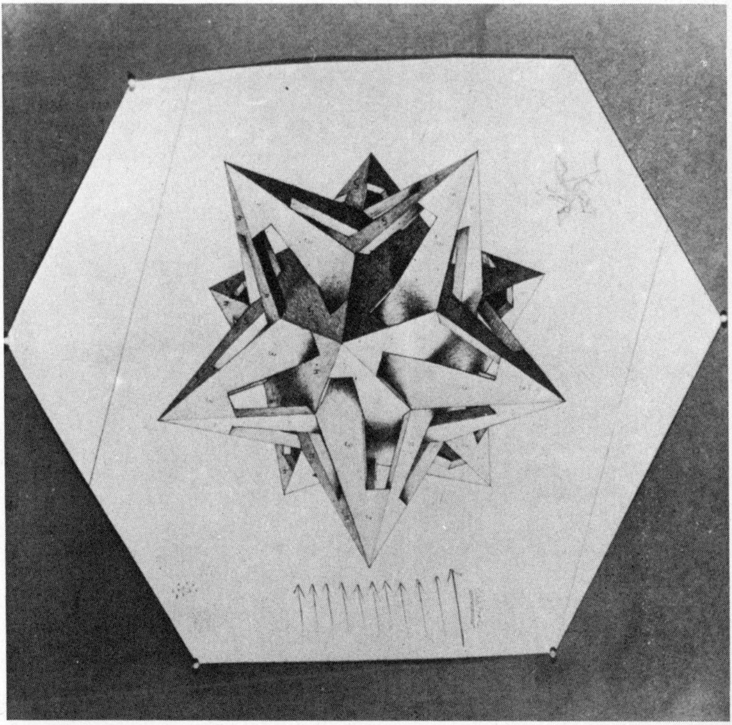

Nach London zurückgekehrt, verbrachte Craig zunächst viel Zeit mit dem Versuch, das Rätsel des Monte-Carlo-Schlosses zu lösen. Da er dabei keine Fortschritte machte, fand er, es wäre am besten, das Problem für eine Weile zu vergessen, und besuchte seinen alten Freund Norman McCulloch, den er schon seit Jahren nicht mehr gesehen hatte. Er und McCulloch hatten zusammen in Oxford studiert, und Craig hatte ihn als einen liebenswerten, wenn auch etwas exzentrischen Burschen in Erinnerung, der ständig irgendwelche seltsamen Apparate und Maschinen bastelte. Unsere Geschichte stammt nun aus einer Zeit, in der es noch keine elektronischen Rechenmaschinen gab, aber McCulloch hatte eine Art einfachen mechanischen Computer zusammengebaut.

»Mit diesem Apparat habe ich schon viel Spaß gehabt«, erklärte McCulloch. »Ich habe noch keine praktische Verwendung für ihn gefunden, aber er hat einige faszinierende Eigenschaften.«

»Was macht er denn?« fragte Craig.

»Nun«, antwortete McCulloch, »man gibt eine Zahl in die Maschine ein, und nach einer Weile kommt eine Zahl aus der Maschine heraus.«

»Die gleiche Zahl oder eine andere?« fragte Craig.

»Das hängt davon ab, welche Zahl man eingibt.«

»Ich verstehe«, antwortete Craig.

»Allerdings«, fuhr McCulloch fort, »akzeptiert die Maschine nicht *alle* Zahlen – sie nimmt nur einige an. Die Zahlen, die sie annimmt, nenne ich annehmbare Zahlen.«

»Das klingt nach perfekter logischer Terminologie«, sagte Craig, »aber ich würde gerne wissen, welche Zahlen annehmbar sind und welche nicht. Gibt es eine genaue Regel dafür? Und gibt es auch eine genaue Regel, die festlegt, welche Zahl herauskommt, wenn man sich entschieden hat, welche annehmbare Zahl man eingeben will?«

»Nein«, antwortete McCulloch, »die *Entscheidung*, die Zahl einzugeben, reicht nicht; Sie müssen die Zahl tatsächlich eingeben.«

»Oh ja, natürlich!« sagte Craig. »Ich wollte fragen, ob, wenn die Zahl einmal eingegeben ist, definitiv feststeht, welche Zahl herauskommt.«

»Natürlich steht das fest«, antwortete McCulloch. »Meine Maschine ist kein Zufallsapparat! Sie arbeitet nach streng deterministischen Regeln.

Lassen Sie mich die Regeln erklären«, fuhr er fort. »Zunächst verstehe ich unter einer *Zahl* eine positive ganze Zahl; die Maschine, die ich jetzt habe, kann mit negativen Zahlen oder Brüchen nichts anfangen.

Eine Zahl N wird in der üblichen Weise als eine Folge der Ziffern 0,1,2,3,4,5,6,7,8,9 geschrieben. Meine Maschine kann jedoch nur mit solchen Zahlen umgehen, in denen keine 0 vorkommt; also etwa mit Zahlen wie 23 oder 5492, aber nicht mit Zahlen wie 502 oder 3250607. Nehmen wir nun zwei Zahlen N,M – mit NM meine ich *nicht* N mal M! Unter NM verstehe ich die Zahl, die man erhält, wenn man zuerst die Ziffern von N in der Reihenfolge, in der sie auftreten, schreibt, und dann die Ziffern von M anschließt; wenn etwa N die Zahl 53 ist und M die Zahl 728, dann meine ich mit NM die Zahl 53728. Oder wenn N 4 ist und M ist 39, dann meine ich mit NM die Zahl 439.«

»Eine merkwürdige Operation mit Zahlen!« rief Craig überrascht.

»Ich weiß«, antwortete McCulloch, »aber das ist die Operation, die die Maschine am besten beherrscht. Doch lassen Sie mich die Operationsregeln erklären. Ich sage, daß eine Zahl X eine Zahl Y *produziert*, was bedeutet, daß X annehmbar ist und daß, wenn X in die Maschine eingegeben wird, Y die Zahl ist, die herauskommt. Die erste Regel lautet folgendermaßen:

Regel 1: Für jede Zahl X gilt, daß die Zahl 2X (das heißt, 2 gefolgt von X, nicht 2 mal X!) annehmbar ist, und 2X produziert X.

Beispielsweise produziert 253 die Zahl 53; 27482 produziert 7482; 23985 produziert 3985, und so weiter. Anders gesagt, wenn ich eine Zahl 2X in die Maschine gebe, löscht die Maschine die 2 am Anfang aus, und was übrig bleibt – das X – kommt heraus.«

»Das ist nicht schwer zu verstehen«, gab Craig zurück. »Wie lauten die anderen Regeln?«

»Es gibt nur noch eine weitere Regel«, antwortete McCulloch, »aber ich möchte Ihnen erst folgendes sagen: Für jede Zahl X spielt die Zahl X2X eine besonders herausragende Rolle; ich nenne die Zahl X2X die *assoziierte Größe* der Zahl X. Die assoziierte Größe von 7 beispielsweise ist 727; die assoziierte Größe von 594 ist 5942594. Und hier ist die andere Regel:

Regel 2: Für beliebige Zahlen X und Y gilt, wenn X die Zahl Y produziert, dann produziert 3X die assoziierte Größe von Y.

27 beispielsweise produziert 7 – gemäß Regel 1; daher produziert 327 die assoziierte Größe von 7, nämlich 727. 327 produziert somit 727. Ebenso produziert 2586 die Zahl 586; folglich produziert 32586 die assoziierte Größe von 586, nämlich 5862586.«

An dieser Stelle gab McCulloch die Zahl 32586 in die Maschine ein, und nach einigem Knacken und Knirschen kam schließlich die Zahl 5862586 heraus.

»Die Maschine müßte etwas geölt werden«, bemerkte McCulloch. »Aber lassen Sie es uns noch mit ein, zwei weiteren Beispielen versuchen, um zu sehen, ob Sie die Regeln völlig verstanden haben. Angenommen, ich gebe 3327 ein; was kommt heraus? Wir wissen bereits, daß 327 die Zahl 727 produziert; also wird 3327 die assoziierte Größe von 727 produzieren, und das ist 7272727. Welche Zahl produziert 33327? Nun, da 3327 die Zahl 7272727 produziert (wie wir gerade gesehen haben), so muß 33327 die assoziierte Größe von 7272727 produzieren, und das ist 727272727272727. Ein anderes Beispiel: 259 produziert 59; 3259 produziert 59259; 33259 produziert 59259259259; 333259 produziert 5925925925925925925925 9.«

»Ich verstehe«, sagte Craig, »aber die einzigen Zahlen, die Sie bisher erwähnt haben, die etwas zu ›produzieren‹ scheinen, sind Zahlen, die entweder mit 2 oder 3 anfangen. Wie steht es mit Zahlen, die – sagen wir – mit 4 anfangen?«

»Oh, die einzigen Zahlen, die diese Maschine annimmt, sind solche, die mit 2 oder 3 anfangen, und auch die nimmt sie nicht alle an. Ich habe vor, einmal eine größere Maschine zu bauen, die mehr Zahlen annimmt.«

»Welche Zahlen, die mit 2 oder 3 anfangen, werden nicht angenommen?« fragte Craig.

»Nun, die 2 allein wird nicht angenommen, weil sie nicht in den Bereich von Regel 1 oder Regel 2 fällt, aber jede mehrstellige Zahl, die mit 2 anfängt, wird angenommen. Keine Zahl, die nur aus Dreien besteht, wird angenommen. Ebenso wird 32 nicht angenommen, auch nicht 332 oder jede Folge von Dreien, an die eine Zwei anschließt. Aber für jede Zahl X gilt, daß 2X angenommen wird; 32X wird angenommen; 332X und 3332X werden angenommen; und so weiter. Kurz gesagt, die einzigen annehmbaren Zahlen sind 2X, 32X, 332X, 3332X und jede Folge von Dreien, an die 2X anschließt. Und 2X produziert X; 32X produziert die assoziierte Größe von X; 332X produziert die assoziierte Größe der assoziierten Größe von X – die ich einfach die *doppelte assoziierte Größe* von X nenne; 3332X produziert die assoziierte Größe der assoziierten Größe der assoziierten Größe von X – diese Zahl nenne ich die *dreifache assoziierte Größe* von X –, und so weiter.«

»Das habe ich alles verstanden«, sagte Craig, »und jetzt möchte ich gerne wissen, welches die merkwürdigen Eigenschaften sind, von denen Sie gesprochen haben?«

»Oh«, antwortete McCulloch, »sie bringt uns zu allen möglichen merkwürdigen Kombinatorikrätseln – kommen Sie, ich zeige Ihnen ein paar!«

1.

»Ich will mit einem einfachen Beispiel anfangen«, sagte McCulloch. »Es gibt eine Zahl N, die sich selbst produziert; wenn Sie N in die Maschine eingeben, kommt die gleiche Zahl N heraus. Können Sie eine solche Zahl finden?«

2.

»Sehr gut«, sagte McCulloch, nachdem Craig ihm seine Lösung gezeigt hatte. »Und jetzt zu einer anderen interessanten Eigenschaft dieser Maschine: Es gibt eine Zahl N, die ihre eigene assoziierte Größe produziert; anders gesagt, wenn Sie N in die Maschine eingeben, kommt die Zahl N2N heraus. Können Sie eine solche Zahl finden?«
Craig fand dieses Rätsel schwieriger, aber er schaffte es, die Lösung zu finden. Sie auch?

3.

»Ausgezeichnet!« lobte McCulloch. »Aber eins möchte ich gerne wissen: Wie sind Sie vorgegangen, um diese Zahl zu finden? Einfach nach der Versuch-und-Irrtum-Methode, oder hatten Sie einen systematischen Plan? Und ist die Zahl, die Sie gefunden haben, die einzige Zahl, die ihre eigene assoziierte Größe produziert, oder gibt es noch andere?«
Craig erklärte daraufhin, mit welcher Methode er bei der letzten Aufgabe die Zahl N gefunden hatte, und beantwortete auch McCullochs Frage, ob es noch andere Lösungsmöglichkeiten gäbe. Für den Leser dürfte Craigs Analyse hier von großem Interesse sein, und sie erleichtert zudem die Lösung verschiedener anderer Rätsel in diesem Kapitel.

4.

»Um auf meine letzte Frage zurückzukommen«, sagte McCulloch, »wie haben Sie die erste Aufgabe gelöst? Gibt es mehr als eine Zahl, die sich selbst produziert?«
Craigs Antwort findet sich in den Lösungen.

5.

»Nun zu einer anderen Aufgabe«, sagte McCulloch. »Es gibt eine Zahl N, die 7N (das heißt, 7 gefolgt von N) produziert. Können Sie sie finden?«

6.

»Meine nächste Frage lautet: Gibt es eine Zahl N, für die gilt, daß 3N die assoziierte Größe von N produziert?«

7.

»Und gibt es ein N«, fragte McCulloch, »das die assoziierte Größe von 3N produziert?«

8.

»Eine besonders interessante Eigenschaft dieser Maschine«, fuhr McCulloch fort, »besteht darin, daß es zu jeder Zahl A eine Zahl Y gibt, die AY produziert. Wie kann man das beweisen, und, wenn man eine Zahl A hat, wie findet man eine solche Zahl Y?«
Anmerkung: Dieses Prinzip, so einfach es auch ist, ist von größerer Bedeutung, als McCulloch zu dem Zeitpunkt erkannte! Es wird uns in diesem Buch noch mehrfach begegnen. Wir wollen es *McCullochs Gesetz* nennen.

9.

»Wenn wir eine Zahl A haben«, fuhr McCulloch fort, »gibt es dann notwendigerweise ein Y, das die assoziierte Größe von AY produziert? Um ein Beispiel zu nennen: Gibt es eine Zahl, die die assoziierte Größe von 56Y produziert, und wenn es sie gibt, welche Zahl ist es?«

10.

»Eine andere interessante Sache ist«, sagte McCulloch, »daß es eine Zahl N gibt, die ihre eigene doppelte assoziierte Größe produziert. Können Sie sie finden?«

11.

»Außerdem gibt es«, bemerkte McCulloch, »für jede beliebige Zahl A eine Zahl X, die die doppelte assoziierte Größe von AX produziert. Sehen Sie, wie Sie ein solches X finden können, wenn Sie die Zahl A haben? Können Sie beispielsweise ein X finden, das die doppelte assoziierte Größe von 78X produziert?«
Hier sind noch einige weitere Aufgaben, die McCulloch Craig an diesem Tag zu lösen gab. (Mit Ausnahme der letzten sind sie nicht von theoretischer Bedeutung, aber vielleicht macht es dem Leser Spaß, sich an ihnen zu versuchen.)

12.

Suche eine Zahl N, für die gilt, daß 3N die Zahl 3N produziert.

13.

Suche eine Zahl N, für die gilt, daß 3N die Zahl 2N produziert.

14.

Suche eine Zahl N, für die gilt, daß 3N die Zahl 32N produziert.

15.

Gibt es ein N, für das gilt, daß NNN2 und 3N2 die gleiche Zahl produzieren?

16.

Gibt es ein N, dessen assoziierte Größe NN produziert? Gibt es mehr als ein solches N?

17.

Gibt es ein N, für das gilt, daß NN die assoziierte Größe von N produziert?

18.

Suche ein N, für das gilt, daß die assoziierte Größe von N die doppelte assoziierte Größe von N produziert.

19.

Suche ein N, das N23 produziert.

20. Ein negatives Ergebnis

»Wissen Sie«, sagte McCulloch, »ich versuche schon seit längerer Zeit, eine Zahl N zu finden, die die Zahl N2 produziert, aber bislang ist es mir nicht gelungen. Ich frage mich, ob es eine solche Zahl tatsächlich nicht gibt, oder ob ich einfach nur nicht clever genug war, sie zu finden!«
Diese Aufgabe fesselte Craig sofort. Er zog Notizbuch und Bleistift aus der Tasche und fing an, daran zu arbeiten. Nach einer Weile sagte er: »Verschwenden Sie Ihre Zeit nicht mehr daran, sie zu suchen: Sie kann unmöglich existieren!«
Wie konnte Craig das wissen?

Lösungen

1. Eine solche Zahl ist 323. Da 23 die Zahl 3 produziert (Regel 1 zufolge), so muß, laut Regel 2, 323 die assoziierte Größe von 3 produzieren, und das ist 323 – also die gleiche Zahl!
Gibt es weitere derartige Zahlen? Wenn Sie Craigs Antwort erfahren wollen, schlagen Sie bei der Lösung von Aufgabe 4 nach.

2. Die Zahl, die Craig gefunden hat, hieß 33233. Jede Zahl der Form 332X produziert die doppelte assoziierte Größe von X, also produziert 33233 die doppelte assoziierte Größe – das heißt, die assoziierte Größe der assoziierten Größe von 33. Nun ist die assoziierte Größe von 33 die ursprüngliche Zahl 33233; folglich ist die doppelte assoziierte Größe von 33 die assoziierte Größe von 33233. Also produziert 33233 die assoziierte Größe von 33233 – das heißt, sie produziert ihre eigene assoziierte Größe.
Wie kam Craig zu dieser Zahl, und ist dies die einzige Lösung? Craigs Antworten auf diese Fragen finden sich bei der Lösung der nächsten Aufgabe.

3. Hier erzählt Craig nun mit seinen eigenen Worten, wie er zu der Lösung von Aufgabe 2 fand und die Frage klärte, ob es andere Lösungen gibt oder nicht:
»Meine Aufgabe war, eine Zahl N zu finden, die N2N produziert. Dieses N muß eine der Formen 2X, 32X, 332X, 3332X usw. haben, und ich muß X finden. Könnte es mit einer Zahl der Form 2X klappen? Natürlich nicht, da 2X die Zahl X produziert, die offensichtlich kürzer ist (weniger Ziffern hat) als die assoziierte Größe von 2X. Somit kann eine Zahl der Form 2X nicht brauchbar sein.
Wie wäre es mit einer Zahl der Form 32X? Auch sie produziert eine Zahl, die zu kurz ist; sie produziert die assoziierte Größe von X, die offensichtlich kürzer ist als die assoziierte Größe von 32X.
Wie wäre es mit einer Zahl der Form 332X? Nun, sie produziert die doppelte assoziierte Größe von X, nämlich X2X2X2X, während die gesuchte Zahl die assoziierte Größe von 332X produzieren soll, nämlich 332X2332X. Kann nun X2X2X2X die gleiche Zahl sein wie 332X2332X? Wie steht es mit der relativen Länge? Wenn h die Anzahl der Ziffern in X ist, so hat die Zahl X2X2X2X genau $4h + 3$ Ziffern (weil sie viermal ein X und dreimal eine 2 enthält), während

332X2332X genau $2h + 7$ Ziffern hat. Kann $4h + 3 = 2h + 7$ sein? Ja, wenn $h = 2$, jedoch für kein anderes h. So könnte von der Länge her eine Zahl der Form 332X eine Lösungsmöglichkeit sein, aber nur dann, wenn h zwei Ziffern hat.
Gibt es andere Lösungsmöglichkeiten? Wie wäre es mit einer Zahl der Form 3332X? Sie produziert die dreifache assoziierte Größe von X, nämlich X2X2X2X2X2X2X2X, während die gesuchte Zahl die assoziierte Größe von 3332X produzieren soll, nämlich 3332X23332X. Könnten diese Zahlen gleich sein? Wieder hat, wenn h die Länge von X ist, die Zahl X2X2X2X2X2X2X2X genau $8h + 7$ Ziffern, während 3332X23332X genau $2h + 9$ Ziffern hat. Die einzige Lösung für die Gleichung $8h + 7 = 2h + 9$ ist, daß $h = 1/3$, folglich gibt es keine ganze Zahl h, die dazu führt, daß $8h + 7 = 7h + 9$; somit kann keine Zahl der Form 3332X brauchbar sein.
Wie ist es mit einer Zahl der Form 33332X? Sie produziert die vierfache assoziierte Größe von X, die eine Länge von $16h + 15$ hat, während die assoziierte Größe von X eine Länge von $2h + 11$ hat. Natürlich gilt für jede positive ganze Zahl h, daß $16h + 15$ größer ist als $2h + 11$, also produziert eine Zahl der Form 33332X etwas zu Großes.
Wenn wir eine Zahl nehmen, die mit fünf anstatt vier Dreien beginnt, ist der Unterschied in der Länge der Zahl, die sie produzieren soll, und der Zahl, die sie tatsächlich produziert, noch größer, und wenn wir eine Zahl nehmen, die mit sechs oder mehr Dreien beginnt, wird der Unterschied noch größer sein als bei fünf Dreien. Deshalb kommen wir auf 332X als die einzige mögliche Lösung für diese Aufgabe zurück, und somit muß X eine zweistellige Zahl sein. Deshalb muß das gesuchte N die Form 332*ab* haben, wobei *a* und *b* einzelne Ziffern sind, die wir bestimmen müssen. Nun produziert 332*ab* die doppelte assoziierte Größe von *ab*, nämlich *ab*2*ab*2*ab*2*ab*. *Verlangt* wird, daß 332*ab* die assoziierte Größe von 332*ab* produziert, nämlich 332*ab*2332*ab*. Können diese beiden Zahlen gleich sein? Wir wollen sie Ziffer für Ziffer vergleichen:

*ab*2*ab*2*ab*2*ab*
332*ab*2332*ab*

Wenn wir die ersten Ziffern der beiden Zahlen vergleichen, sehen wir, daß *a* die Ziffer 3 sein muß. Wenn wir die zweiten Ziffern vergleichen, muß *b* ebenfalls 3 sein. Somit ist N = 33233 eine Lösung, und es ist die einzige Lösungsmöglichkeit.«

4. »Ehrlich gesagt«, gestand Craig, »die erste Aufgabe habe ich intuitiv gelöst; auf die Zahl 323 bin ich nicht mit einer systematischen Methode gekommen. Auch habe ich mir da noch nicht überlegt, ob es irgendeine andere Zahl gibt, die sich selbst produziert.
Aber ich glaube nicht, daß dies allzu schwer zu klären ist. Wir wollen einmal sehen, ob es mit einer Zahl der Form 332X klappen könnte. Sie würde die doppelte assoziierte Größe von X produzieren, nämlich X2X2X2X, die eine Länge von $4h + 3$ hat, wobei h die Länge von X ist. Gefordert wird jedoch etwas, das 332X produziert, und das hat die Länge $h + 3$. Offensichtlich ist $4h + 3$ größer als $h + 3$, wenn h eine positive Zahl ist, also produziert 332X eine zu große Zahl. Wie ist es mit 3332X oder einer Zahl, die mit vier oder mehr Dreien beginnt? Nein, der Unterschied wäre noch größer; die einzige Möglichkeit ist eine Zahl der Form 32X. (Eine Zahl der Form 2X ist offensichtlich ungeeignet; sie kann nicht 2X produzieren, da sie X produziert.) Nun, 32X produziert X2X, und die verlangte Zahl soll sich selbst produzieren, nämlich 32X. Also muß 32X das gleiche sein wie X2X. Wenn h die Länge von X ist, so hat 32X eine Länge von $h + 2$, und X2X hat eine Länge von $2h + 1$. Also ist $2h + 1 = h + 2$; das bedeutet, daß h 1 sein muß. Somit ist X eine einzelne Ziffer. Für welche Ziffer a gilt nun, daß $a2a = 32a$? Offensichtlich muß a 3 sein. Folglich ist 323 die einzige Lösung.«

5. Nehmen wir an, N ist 3273. Es produziert die assoziierte Größe von 73, nämlich 73273, und das ist 7N. Also ist 73273 eine Lösung. (Es ist tatsächlich die einzige Lösung, wie sich durch eine Beweisführung mit Längenvergleich wie bei den letzten beiden Aufgaben zeigen läßt.)

6. Da 323 sich selbst produziert, muß 3323 die assoziierte Größe von 323 produzieren. Wenn wir also davon ausgehen, daß N = 323, dann produziert 3N die assoziierte Größe von N. (Es ist die einzige Lösungsmöglichkeit.)

7. Die Lösung ist 332333. Wir wollen sie überprüfen: N soll die Zahl 332333 sein. Sie produziert die doppelte assoziierte Größe von 333, die die assoziierte Größe von 3332333 ist – anders gesagt, die assoziierte Größe von 3N.

8. Hier handelt es sich offensichtlich um eine einfache Generalisierung von Aufgabe 5: Wir haben gesehen, daß für N = 3273 gilt, daß N die

Zahl 7N produziert. Es liegt nicht an einer Besonderheit der 7, die dazu führt; für jede Zahl A gilt, wenn Y = 32A3, daß Y dann AY produziert (weil es die assoziierte Größe von A3 produziert, nämlich A32A3, und das ist AY). Wenn wir also beispielsweise eine Zahl Y haben wollen, die 837Y produziert, so müssen wir für Y die Zahl 328373 wählen.
Im folgenden wird sich zeigen, daß diese Tatsache von großer theoretischer Bedeutung ist!

9. Die Antwort lautet *Ja*; nehmen wir für Y die Zahl 332A33. Sie produziert die doppelte assoziierte Größe von A33, und das ist die assoziierte Größe von A332A33. Aber A332A33 ist AY, also produziert Y die assoziierte Größe von AY.
Für das spezielle Beispiel, das McCulloch angeführt hat – eine Zahl Y zu finden, die die assoziierte Größe von 56Y produziert –, ist die Lösung Y = 3325633.

10. Die Lösung heißt 3332333. Sie produziert die dreifache assoziierte Größe von 333, was der doppelten assoziierten Größe der assoziierten Größe von 333 entspricht. Nun ist die assoziierte Größe von 333 die Zahl 3332333, also produziert 3332333 die doppelte assoziierte Größe von 3332333.
Wir sollten uns das folgende allgemeine Schema deutlich machen: 323 produziert sich selbst; 33233 produziert seine eigene assoziierte Größe; 3332333 produziert seine eigene doppelte assoziierte Größe. Ebenso produziert 333323333 seine eigene dreifache assoziierte Größe, 33333233333 produziert seine eigene vierfache assoziierte Größe, und so weiter (wie der Leser selbst überprüfen kann).

11. Die Lösung ist X = 3332A333. Sie produziert die dreifache assoziierte Größe von A333, was der doppelten assoziierten Größe der assoziierten Größe von A333 entspricht. Nun ist die assoziierte Größe von A333 die Zahl A3332A333, und das ist AX. Somit produziert X die doppelte assoziierte Größe von AX.
Für das angegebene Beispiel ist A = 78, also ist die Lösung 333278333.

12. Offensichtlich ist die Antwort 23. (Wir wissen bereits, daß 323 die Zahl 323 produziert, also, wenn N = 23, produziert 3N die Zahl 3N.)

13. Die Antwort ist 22.

14. Die Antwort ist 232.

15. Natürlich: N = 2.

16. Jede Folge von Zweien erfüllt die Bedingung.

17. Ja, 32 ist ein solches N.

18. N = 33 erfüllt die Bedingung.

19. N = 32323 erfüllt die Bedingung.

20. Wie der Leser selbst überprüfen kann, produziert jede Zahl N, die mit zwei oder mehr Dreien beginnt, eine Zahl, die länger ist als N2. (Wenn beispielsweise N die Form 332X hat und h die Länge von X ist, dann produziert N die doppelte assoziierte Größe von X, die eine Länge von $4h + 3$ hat, während N2 eine Länge von $h + 4$ hat.) Ebensowenig erfüllt ein N der Form 2X die Bedingung, also muß, wenn es ein N geben soll, das N2 produziert, dieses die Form 32X haben. Nun produziert 32X die Zahl X2X, verlangt wird aber eine Zahl, die 32X2 produziert. Wenn X2X die gleiche Zahl ist wie 32X2, dann muß, wenn h die Länge von X ist, zutreffen, daß $2h + 1 = h + 3$, und das bedeutet $h = 2$. Somit muß eine Zahl, die die Bedingung erfüllt (wenn es eine solche Zahl gibt), die Form 32*ab* haben, wobei *a* und *b* einzelne Ziffern sind, die wir bestimmen müssen. Nun produziert 32*ab* die Zahl *ab*2*ab*, und die verlangte Zahl muß 32*ab*2 produzieren. Kann also *ab*2*ab* die gleiche Zahl sein wie 32*ab*2? Wir wollen sie Ziffer für Ziffer vergleichen:

*ab*2*ab*
32*ab*2

Wenn wir die ersten Ziffern vergleichen, erhalten wir $a = 3$; wenn wir die dritten Ziffern vergleichen, finden wir $a = 2$; also ist die Aufgabe unerfüllbar. Es gibt kein N, das N2 produziert!

10
Craigs Gesetz

Einige Wochen später machte Craig erneut einen Besuch bei McCulloch.
»Ich habe gehört, daß Sie Ihre Maschine vergrößert haben«, sagte Craig, »und ein paar von unseren gemeinsamen Freunden haben mir erzählt, daß Ihre neue Maschine einige sehr interessante Dinge machen kann. Stimmt das?«
»Oh ja«, antwortete McCulloch mit einem Anflug von Stolz. »Meine neue Maschine arbeitet nach den Regeln 1 und 2 meiner alten Maschine und hat zusätzlich zwei andere Regeln. Aber ich habe gerade Tee gemacht – lassen Sie uns welchen trinken, bevor ich Ihnen die neuen Regeln vorführe.«
Nachdem sie einen ausgezeichneten Tee getrunken hatten, zu dem es heiße Sahnewaffeln gab, begann McCulloch:
»Unter der *Umkehrung* einer Zahl verstehe ich die Zahl, von hinten nach vorne geschrieben; die Umkehrung von 5934 beispielsweise ist 4395. Hier ist nun die erste zusätzliche Regel:
Regel 3: Für beliebige Zahlen X und Y gilt, wenn X die Zahl Y produziert, dann produziert 4X die Umkehrung von Y.
Ich will es Ihnen an einem Beispiel erklären«, sagte McCulloch. »Suchen Sie sich irgendeine Zahl Y.«
»Gut«, sagte Craig, »ich nehme 7695.«
»Sehr schön«, erwiderte McCulloch. »Lassen Sie uns ein X nehmen, das 7695 produziert, – nehmen wir 27695. Dann geben wir 427695 in die Maschine ein und sehen, was passiert.«
McCulloch gab daraufhin 427695 in die Maschine, und tatsächlich kam 5967 heraus – die Umkehrung von 7695.
»Bevor ich Ihnen die nächste Regel erkläre«, sagte McCulloch, »möchte ich Ihnen ein paar Dinge zeigen, die man mit dieser Regel machen kann – natürlich zusammen mit den Regeln 1 und 2.«

1.

»Vielleicht erinnern Sie sich noch«, begann McCulloch, »daß die Zahl 323 sich selbst produziert. Auch war bei meiner alten Maschine, die nicht Regel 3 hatte, sondern nur die Regeln 1 und 2, die Zahl 323 die *einzige* Zahl, die sich selbst produzierte. Bei dieser Maschine ist die Situation nun anders. Können Sie eine weitere Zahl finden, die sich selbst produziert? Und wie viele derartige Zahlen gibt es?«

Craig brauchte nicht sehr lange, um die Lösung zu finden. Finden Sie sie auch? (Die Antwort steht – in Craigs eigenen Worten – bei den Lösungen.)

2.

»Das war ausgezeichnet«, sagte McCulloch, als Craig seine Darstellung beendet hatte. »Ich möchte Ihnen eine andere Aufgabe stellen: Ich nenne eine Zahl *symmetrisch*, wenn sie, vorwärts und rückwärts gelesen, gleich ist, das heißt, wenn sie ihrer eigenen Umkehrung gleicht. Zum Beispiel sind Zahlen wie 58385 oder 7447 symmetrisch. Zahlen, die nicht symmetrisch sind, nenne ich *unsymmetrisch*, Zahlen wie 46733 oder 3251. Nun gibt es offensichtlich eine Zahl, die ihre eigene Umkehrung produziert, nämlich 323, weil 323 sowohl sich selbst produziert als auch symmetrisch ist. Bei meiner ersten Maschine, die Regel 3 nicht hatte, gab es keine unsymmetrische Zahl, die ihre eigene Umkehrung produzierte. Aber mit Regel 3 *gibt* es eine – ja, sogar mehrere. Können Sie eine finden?«

3.

»Und dann«, sagte McCulloch, »gibt es Zahlen, die die assoziierte Größe ihrer eigenen Umkehrung produzieren. Können Sie eine finden?«
»Und hier«, sagte McCulloch, »ist nun die zweite neue Regel: *Regel 4:* Wenn X die Zahl Y produziert, dann produziert 5X die Zahl YY. Mit YY meine ich die *Wiederholung* von Y.«
McCulloch gab Craig daraufhin die folgenden Aufgaben.

4.

Suche eine Zahl, die ihre eigene Wiederholung produziert.

5.

Suche eine Zahl, die die Umkehrung ihrer eigenen Wiederholung produziert.

6.

»Das ist merkwürdig«, bekannte McCulloch, nachdem Craig die fünfte Aufgabe gelöst hatte. »Ich habe eine andere Lösung gefunden – auch eine mit sieben Ziffern.«
Tatsächlich gibt es zwei siebenstellige Zahlen, die beide die Umkehrung ihrer eigenen Wiederholung produzieren. Können Sie die zweite finden?

7.

»Für jede Zahl X gilt«, sagte McCulloch, »daß 52X offensichtlich die Wiederholung von X produziert. Können Sie eine Zahl X finden, für die gilt, daß 5X die Wiederholung von X produziert?«
Craig dachte eine Weile darüber nach und fing plötzlich schallend an zu lachen. Die Lösung war so offensichtlich!

8.

»Und hier ist die nächste Aufgabe«, sagte McCulloch. »Es gibt eine Zahl, die die Wiederholung ihrer assoziierten Größe produziert. Können Sie sie finden?«

9.

»Außerdem«, erklärte McCulloch, »gibt es eine Zahl, die die assoziierte Größe ihrer eigenen Wiederholung produziert. Können Sie diese Zahl finden?«

Operationszahlen

»Wissen Sie«, sagte Craig plötzlich, »mir ist gerade klargeworden, daß sich fast all diese Aufgaben durch ein allgemeines Prinzip lösen lassen! Ihre Maschine hat eine sehr schöne Eigenschaft; wenn man sie einmal erkannt hat, kann man nicht nur die Aufgaben lösen, die Sie mir gegeben haben, sondern auch unzählige andere!

Zum Beispiel«, fuhr Craig fort, »muß es eine Zahl geben, die die Wiederholung der Umkehrung ihrer eigenen assoziierten Größe produziert, und eine Zahl, die die assoziierte Größe der Wiederholung ihrer eigenen Umkehrung produziert, und eine Zahl, die . . .«

»Wirklich merkwürdig!« unterbrach ihn McCulloch. »Ich habe nach solchen Zahlen gesucht, aber ich konnte sie nicht finden. Welche sind es denn?«

»Sie werden sie in Sekundenschnelle finden, wenn ich Ihnen dieses Gesetz erklärt habe!«

»Was für ein Gesetz?« drängte McCulloch.

»Ja, es ist sogar so«, fuhr Craig fort, der McCullochs Verblüffung sehr genoß, »daß ich Ihnen eine Zahl X geben kann, die die Wiederholung der Umkehrung der doppelten assoziierten Größe von X produziert, oder eine Zahl Y, die die Umkehrung der doppelten assoziierten Größe von YYYY produziert, oder eine Zahl Z, die . . .«

»Das reicht!« rief McCulloch. »Warum sagen Sie mir nicht einfach dieses Gesetz und heben die Anwendungen für später auf?«

»Das ist eigentlich nur fair«, antwortete Craig und nickte.

Dann griff der Inspektor nach einem Schreibblock, zog einen Stift aus der Tasche und ließ McCulloch sich neben ihn setzen, damit sein Freund sehen konnte, was er schrieb.

»Zunächst einmal nehme ich an, daß Ihnen der Begriff einer *Operation* mit Zahlen vertraut ist; beispielsweise die Operation, 1 zu einer Zahl zu addieren oder eine Zahl mit 3 zu multiplizieren oder eine Zahl zu quadrieren; oder, was im Zusammenhang mit Ihrer Maschine relevanter ist, die *Umkehrung* einer Zahl zu nehmen oder die *Wiederholung* einer Zahl oder die *assoziierte Größe* einer Zahl oder vielleicht eine komplexere Operation, wie die, die Umkehrung der Wiederholung der assoziierten Größe einer Zahl zu nehmen. Nun werde ich den Buchstaben F benutzen, um eine gegebene beliebige Operation zu bezeichnen, und für jede Zahl X meine ich mit F(X) – gelesen ›F von X‹ – das Ergebnis der Ausführung einer Operation an X. Dies ist, wie Sie sicher wissen, die übliche Praxis in der Mathematik. Wenn beispielsweise F die Umkehroperation ist, dann ist F(X) die Umkehrung von X; wenn F die Wiederholungsoperation ist, dann ist F(X) die Wiederholung von X, und so weiter.

Nun gibt es bestimmte Zahlen – eigentlich jede Zahl, die aus den Ziffern 3, 4 oder 5 besteht –, die ich *Operationszahlen* nennen werde, weil sie Operationen bestimmen, die Ihre Maschine ausführen kann: M soll eine beliebige Zahl sein, die aus den Ziffern 3, 4 oder 5 besteht, und F soll eine beliebige Operation sein. Ich werde sagen, daß M die Operation F *bestimmt*, und meine damit, daß für beliebige zwei Zahlen X und Y, wobei X die Zahl Y produziert, gilt, daß MX die Zahl F(Y) produzieren muß. Wenn beispielsweise X die Zahl Y produziert, dann produziert 4X – laut Regel 3 – die Umkehrung von Y, und somit sage ich, daß die Zahl 4 die *Umkehroperation bestimmt* oder *repräsentiert*; entsprechend bestimmt laut Regel 4 die Zahl 5 die *Wiederholungsoperation*. Die Zahl 3 bestimmt die *Assoziationsoperation*, das heißt, die Operation, durch die die assoziierte Größe einer Zahl genommen wird. Nehmen wir einmal an, F sei die Operation, die, an einer beliebigen Zahl X ausgeführt, die assoziierte Größe der Wiederholung von X liefert. Gibt es eine Zahl M, die diese Operation repräsentiert, und wenn ja, wie heißt diese Zahl?«

»Offensichtlich 35«, antwortete McCulloch, »denn wenn X die Zahl Y produziert, dann produziert 5X die Wiederholung von Y; folglich produziert 35X die assoziierte Größe der Wiederholung von Y. Somit repräsentiert 35 die Operation, durch die ich die assoziierte Größe der Wiederholung einer Zahl gewinne.«

»Richtig!« antwortete Craig. »Ich habe jetzt definiert, was es für eine Operationszahl M bedeutet, eine Operation zu repräsentieren, und ich werde mich auf diese Operation als auf *Operation M* beziehen. So ist beispielsweise Operation 4 die Umkehroperation; Operation 5 ist die Wiederholungsoperation; Operation 35 ist die Operation, bei der ich die assoziierte Größe der Wiederholung nehme, und so weiter . . .

Hier stellt sich eine Frage«, fuhr er fort. »Ist es möglich, daß zwei verschiedene Zahlen die gleiche Operation repräsentieren? Das heißt, kann es Operationszahlen M und N geben, für die gilt, daß M sich von N unterscheidet, Operation M jedoch die gleiche ist wie Operation N?«

McCulloch überlegte einen Augenblick. »Oh, natürlich!« sagte er. »Die Zahlen 45 und 54 sind verschieden, aber sie bestimmen die gleiche Operation, da die Umkehrung der Wiederholung einer Zahl das gleiche ist wie die Wiederholung ihrer Umkehrung.«

»Gut«, antwortete Craig, »obwohl ich an ein anderes Beispiel gedacht hatte: Zunächst einmal, welche Operation repräsentiert 44?«

»Nun«, sagte McCulloch, »Operation 44 ergibt, an X ausgeführt, die Umkehrung der Umkehrung von X, und das ist X selbst. Ich weiß nicht, wie ich eine Operation nennen soll, die, auf eine beliebige Zahl X angewandt, einfach X selbst ergibt.«

»In der Mathematik bezeichnet man so etwas gewöhnlich als *Identitätsoperation*«, bemerkte Craig, »also gibt die Zahl 44 die Identitätsoperation an. Ebenso tut dies 4444 oder jede Zahl, die aus einer geraden Anzahl von Vieren besteht, deshalb gibt es unendlich viele verschiedene Zahlen, die die Identitätsoperation repräsentieren. Und, allgemeiner gesagt, jede beliebige Operationszahl M, der eine gerade Anzahl von Vieren folgt oder vorausgeht (oder beides), repräsentiert die gleiche Operation wie M alleine.«

»Das leuchtet mir ein«, sagte McCulloch.

»Und jetzt brauche ich noch«, sagte Craig, »für den Fall, daß ich eine Operationszahl M und eine beliebige Zahl X habe, eine passende Schreibweise für das Ergebnis der Anwendung von Operation M auf die Zahl X; ich schreibe dies einfach in der Form ›M(X)‹. Beispielsweise ist 3(X) die assoziierte Größe von X; 4(X) ist die Umkehrung von X; 5(X) ist die Wiederholung von X; 435(X) ist die Umkehrung der assoziierten Größe der Wiederholung von X. Ist diese Bezeichnungsweise klar?«

»Oh, gewiß«, antwortete McCulloch.

»Ich verlasse mich darauf, daß Sie die Bezeichnung M(X) nie mit MX verwechseln werden; erstere meint das Ergebnis der Anwendung von Operation M auf X; letztere ist die Zahl M, *gefolgt* von der Zahl X, und das sind sehr verschiedene Dinge! Zum Beispiel ist 3(5) nicht 35, sondern 525.«

»Das habe ich verstanden«, sagte McCulloch, »aber kann es überhaupt vorkommen – durch irgendein Zusammentreffen –, daß M(X) und MX gleich sind?«

»Eine gute Frage«, antwortete Craig, »ich muß darüber nachdenken!«

»Lassen Sie uns erst noch einen Tee trinken«, schlug McCulloch vor.

»Eine ausgezeichnete Idee«, meinte Inspektor Craig.

Während unsere beiden Freunde ihren Tee genießen, möchte ich Ihnen ein paar Rätsel mit Operationszahlen geben; sie sind eine gute Übung in der Anwendung der Bezeichnung M(X), die später noch eine entscheidende Rolle spielen wird.

10.

Die Antwort auf McCullochs letzte Frage lautet Ja: Es *gibt* eine Operationszahl M und eine Zahl X, für die gilt, daß M(X) = MX. Können Sie sie finden?

11.

Gibt es eine Operationszahl M, die M(M) = M erfüllt?

12.

Suche eine Operationszahl M und eine Zahl X, die M(X) = XXX erfüllen.

13.

Suche eine Operationszahl M und eine Zahl X, die M(X) = M + 2 erfüllen.

14.

Suche M und X, für die gilt, daß M(X) die Wiederholung von MX ist.

15.

Suche Operationszahlen M und N, für die gilt, daß M(N) die Wiederholung von N(M) ist.

16.

Suche zwei *verschiedene* Operationszahlen M und N, für die gilt, daß M(N) = N(M).

17.

Können Sie zwei Operationszahlen M und N finden, für die gilt, daß M(N) = N(M) + 39?

18.

Wie steht es mit zwei Operationszahlen M und N, für die gilt, daß M(N) = N(M) + 492?

19.

Suche zwei *verschiedene* Operationszahlen M und N, für die gilt, daß M(N) = MM und N(M) = NN.

Craigs Gesetz

»Sie haben mir noch immer nicht das Prinzip erklärt, das Sie gefunden haben wollen«, sagte McCulloch nach dem Tee. »Ich nehme an, daß Ihre Worte über Operationszahlen und Operationen dazu überleiten sollen?«

»Stimmt genau«, antwortete Craig, »und ich denke, daß Sie jetzt in der Lage sind, dieses Gesetz zu verstehen. Erinnern Sie sich an einige Aufgaben, die Sie mir gestellt haben? Zum Beispiel an die, eine Zahl X zu finden, die ihre eigene Wiederholung produziert? Anders gesagt, wir haben eine Zahl X gesucht, die 5(X) produziert. Oder, als wir eine Zahl X suchten, die ihre eigene assoziierte Größe produziert, wollten wir ein X, das 3(X) produziert. Oder, um noch ein Beispiel zu nennen, eine Zahl X, die die Umkehrung von X produziert, ist eine Zahl, die 4(X) produziert. Aber all dies sind Spezialfälle eines allgemeinen Prinzips – nämlich, daß es für *jede* Operationszahl M ein X geben muß, das M(X) produziert! Anders gesagt, für jede beliebige Operation F, die Ihre Maschine ausführen kann, das heißt, für jede beliebige Operation F, die durch irgendeine Operationszahl M bestimmt ist, muß es ein X geben, das F(X) produziert.

Außerdem«, fuhr Craig fort, »wenn wir eine Operationszahl M haben, können wir mit einem einfachen Verfahren ein X finden, das M(X) produziert. Wenn Sie dieses allgemeine Verfahren erst einmal kennen, so können Sie beispielsweise ein X finden, das 543(X) produziert, was die Aufgabe löst, ein X zu finden, das die Wiederholung der Umkehrung der assoziierten Größe von X produziert, und ebenso können Sie ein X finden, das 354(X) produziert, was die andere Aufgabe löst, eine Zahl zu finden, die die assoziierte Größe der Wiederholung ihrer eigenen Umkehrung produziert. Oder, wie schon gesagt, ich kann eine Zahl X finden, die die Wiederholung der Umkehrung der doppelten assoziierten Größe von X produziert – mit anderen Worten, ein X, das 5433(X) produziert. Wenn man dieses Verfahren nicht kennt, können solche Aufgaben äußerst schwierig sein, aber mit diesem Verfahren sind sie ein Kinderspiel!«

»Ich bin ganz Ohr«, sagte McCulloch. »Wie sieht dieses bemerkenswerte Verfahren aus?«

»Ich will es Ihnen sofort erklären,« fuhr Inspektor Craig fort, »aber vorher möchte ich ein elementares Faktum absolut klarstellen – nämlich, daß für eine beliebige Operationszahl M und für beliebige Zahlen Y und Z gilt: Wenn Y die Zahl Z produziert, dann produziert MY die Zahl M(Z). Zum Beispiel, wenn Y die Zahl Z produziert, dann produziert 3Y die Zahl 3(Z) – die assoziierte Größe von Z; 4Y produziert 4(Z); 5Y produziert 5(Z); 34Y produziert 34(Z). Und ebenso gilt für *jede* Operationszahl M, daß, wenn Y die Zahl Z produziert, dann MY die Zahl M(Z) produziert. Insbesondere gilt: Da 2Z ein Beispiel für ein Y ist, das Z produziert, so trifft auch immer zu, daß M2Z die Zahl M(Z) produziert. (Beispielsweise produziert 32Z die Zahl 3(Z) – die assoziierte Größe von Z; 42Z produziert 4(Z) – und für jede beliebige Operationszahl M gilt, daß M2Z die Zahl M(Z) produziert.) Tatsächlich könnten wir M(Z) als die Zahl definieren, die von M2Z produziert wird.«

»Das habe ich alles verstanden«, bemerkte McCulloch.

»Nun«, sagte Craig, »dieses Faktum vergißt man sehr leicht, also lassen Sie es mich noch einmal wiederholen. Wir wollen es uns genau notieren und gut im Gedächtnis behalten!

Faktum 1: Für jede beliebige Operationszahl M und beliebige Zahlen Y und Z gilt, daß, wenn Y die Zahl Z produziert, dann MY die Zahl M(Z) produziert – insbesondere produziert M2Z die Zahl M(Z).

Aus diesem Faktum«, fuhr Craig fort, »zusammen mit einem Faktum, das Sie für Ihre erste Maschine entdeckt haben und das auch für diese

Maschine gilt, läßt sich leicht folgern, daß es, wenn man eine beliebige Operationszahl M hat, eine andere Zahl X geben muß, die M(X) produziert – X produziert das Ergebnis der Anwendung von Operation M auf X. Und wenn M gegeben ist, kann man mit einem einfachen allgemeinen Verfahren ein solches X finden.«

20.

Craig hat ein grundlegendes Prinzip entdeckt, das wir im folgenden *Craigs Gesetz* nennen wollen, nämlich, daß es für jede beliebige Operationszahl M eine Zahl geben muß, die M(X) produziert. Wie kann man Craigs Gesetz beweisen, und wie findet man mit einem gegebenen M ein solches X? Um ein Beispiel zu nennen, welches X produziert 543(X)? Oder welches X produziert die Wiederholung der Umkehrung der assoziierten Größe von X? Und welches X produziert die assoziierte Größe der Wiederholung der Umkehrung von X – das heißt, welches X produziert 354(X)?

»Ich habe noch ein paar andere Aufgaben, die ich Ihnen gerne zeigen würde«, sagte McCulloch, »aber es ist ziemlich spät geworden. Warum bleiben Sie nicht über Nacht? Ich könnte Ihnen die Aufgaben morgen zeigen.«
Zufällig hatte Craig gerade Urlaub, und so nahm er McCullochs Einladung gerne an.

Einige Varianten von Craigs Gesetz

Am nächsten Morgen gab es ein herzhaftes Frühstück (McCulloch war ein vorzüglicher Gastgeber), und anschließend gab McCulloch seinem Freund Craig folgende Aufgaben:

21.

Suche eine Zahl X, die 7X7X produziert.

22.

Suche eine Zahl X, die die Umkehrung von 9X produziert.

23.

Suche eine Zahl X, die die assoziierte Größe von 89X produziert.

»Sehr geschickt!« rief Craig aus, als er diese Aufgaben gelöst hatte. »Keine dieser drei Aufgaben läßt sich mit dem Gesetz lösen, das ich Ihnen gestern gegeben habe.«
»Das ist richtig!« lachte McCulloch.
»Und trotzdem«, sagte Craig, »kann man alle drei mit Hilfe eines gemeinsamen Prinzips lösen: Zunächst einmal sind die speziellen Zahlen 7, 9 und 89 ganz willkürlich; für eine *beliebige* Zahl A gibt es ein X, das die Wiederholung von AX produziert, und es gibt ein X, das die Umkehrung von AX produziert, und schließlich gibt es ein X, das die assoziierte Größe von AX produziert. Ebenso gibt es ein X, das die Wiederholung der Umkehrung von AX produziert oder die Umkehrung der assoziierten Größe von AX – tatsächlich ist es so, daß es für eine *beliebige* Operationszahl M und eine beliebige Zahl A ein X geben muß, das M(AX) produziert, das heißt, die Zahl, die man erhält, wenn man die Operation M auf die Zahl AX anwendet.«

24.

Craig hatte natürlich recht: Für eine beliebige Operationszahl M und eine beliebige Zahl A muß es ein X geben, das M(AX) produziert. Wir wollen dieses Prinzip *Craigs Zweites Gesetz* nennen. Beweisen Sie dieses Gesetz und geben Sie explizit für eine gegebene Operationszahl M und eine Zahl A ein X an, das M(AX) produziert.

25.

»Ich habe gerade über eine andere Frage nachgedacht«, sagte McCulloch. »$\overleftarrow{X}$ soll für eine beliebige Zahl X die Umkehrung von X repräsentieren. Können Sie eine Zahl X finden, die $\overleftarrow{X}67$ produziert? (Das heißt, gibt es ein X, das die Umkehrung von X, gefolgt von 67, produziert?) Allgemein gesagt, trifft es zu, daß es für jede beliebige Zahl A ein X gibt, das $\overleftarrow{X}A$ produziert?«

26.

»Mir ist eine andere Frage eingefallen«, sagte McCulloch. »Gibt es eine Zahl X, die die *Wiederholung* von $\overleftarrow{X}67$ produziert? Allgemeiner gesagt, trifft es zu, daß es für eine beliebige Zahl A ein X gibt, das die Wiederholung von $\overleftarrow{X}A$ produziert? Noch allgemeiner gesagt: Trifft es zu, daß es für eine beliebige Zahl A und eine beliebige Operationszahl M ein X geben muß, das $M(\overleftarrow{X}A)$ produziert?«

Diskussion: Craigs Gesetz gilt nicht nur für McCullochs zweite Maschine, sondern auch für seine erste – ja, sogar für jede denkbare Maschine, die den Regeln 1 und 2 folgt. Das heißt, so sehr wir auch McCullochs erste Maschine erweitern, indem wir neue Regeln hinzufügen, gehorcht der resultierende Mechanismus immer noch Craigs Gesetz (dem ersten und dem zweiten).
Craigs erstes Gesetz steht im Zusammenhang mit einem berühmten Ergebnis der Theorie berechenbarer Funktionen, das als *Rekursionssatz* bezeichnet wird (manchmal auch als *Fixpunktsatz*). McCullochs Regeln 1 und 2 gehören zu den ökonomischsten mir bekannten Regeln, die zu diesem Ergebnis kommen. Sie haben noch eine andere erstaunliche Eigenschaft (die im Zusammenhang mit einem anderen berühmten Ergebnis der Theorie berechenbarer Funktionen steht, bekannt als der *Doppelte Rekursionssatz*), die wir im nächsten Kapitel erläutern wollen. All dies ist relevant für die Themenbereiche »Maschinen, die sich selbst reproduzieren« und »Klonen«.

Lösungen

1. »Für Ihre neue Maschine gibt es *unendlich* viele verschiedene Zahlen, die sich selbst produzieren«, sagte Craig.
»Richtig!« sagte McCulloch. »Wie können Sie das beweisen?«
»Nun«, antwortete Craig, »ich will eine Zahl S als A-Zahl bezeichnen, wenn sie die Eigenschaft hat, daß für beliebige Zahlen X und Y, wobei

X die Zahl Y produziert, gilt, daß SX die assoziierte Größe von Y produziert. Als Sie diese neue Regel noch nicht hinzugefügt hatten, war 3 die einzige A-Zahl. Aber für Ihre neue Maschine gibt es unendlich viele A-Zahlen, und für *jede beliebige* A-Zahl S gilt, daß die Zahl S2S sich selbst produzieren *muß*, da S2S die assoziierte Größe von S produziert, nämlich S2S.«

»Woher wissen Sie, daß es unendlich viele A-Zahlen gibt?« fragte McCulloch.

»Zunächst einmal«, antwortete Craig, »sind Sie einverstanden, wenn wir als erwiesen voraussetzen, daß für beliebige Zahlen X und Y gilt, daß, wenn X die Zahl Y produziert, auch 44X die Zahl Y produziert?«

»Gut beobachtet!« antwortete McCulloch. »Natürlich haben Sie recht: Wenn X die Zahl Y produziert, dann produziert 4X die Umkehrung von Y; folglich muß 44X die Umkehrung der Umkehrung von Y produzieren, und das ist Y selbst.«

»Sehr richtig«, sagte Craig, »wenn X die Zahl Y produziert, so produziert 44X ebenfalls Y, und folglich produziert 344X die assoziierte Größe von Y. Also ist 344 ebenfalls eine A-Zahl. Und da 344 eine A-Zahl ist, muß 3442344 sich selbst produzieren!«

»Sehr gut!« lobte McCulloch. »Also haben wir jetzt zwei Zahlen – 323 und 3442344 –, die sich selbst produzieren. Wie kommen wir aber zu einer unendlichen Anzahl solcher Zahlen?«

»Offensichtlich ist«, sagte Craig, »wenn S eine A-Zahl ist, S44 ebenfalls eine, da für beliebige Zahlen X und Y, wenn X die Zahl Y produziert, gilt, daß 44X ebenfalls Y produziert, und somit produziert S44X die assoziierte Größe von Y, da S eine A-Zahl ist. 3 ist also eine A-Zahl; folglich ist 344 ebenfalls eine; somit ist 34444 auch eine, und, allgemein gesagt, eine Drei, auf die irgendeine *gerade* Anzahl von Vieren folgt, ist eine A-Zahl. Also produziert 323 sich selbst; ebenso 3442344; ebenso 34444234444, und so weiter. Und somit haben wir unendlich viele Lösungen.

Übrigens«, fügte Craig hinzu, »sind dies nicht die *einzigen* Lösungen; die Zahlen 443 und 44443 sind ebenfalls A-Zahlen – ja, jede gerade Anzahl von Vieren, auf die eine Drei folgt, auf die eine gerade Anzahl von Vieren folgt, wie beispielsweise 4434444, ist eine A-Zahl, und somit gilt für jede derartige Zahl S, daß S2S sich selbst produziert.«

2. 43243 ist eine Lösung: Da 243 die Zahl 43 produziert, produziert 3243 die assoziierte Größe von 43. Deshalb muß 43243 die Umkehrung

der assoziierten Größe von 43 produzieren – anders gesagt, die Umkehrung von 43243 (da 43243 die assoziierte Größe von 43 ist). Also produziert 43243 ihre eigene Umkehrung.
An dieser Stelle wird sich der Leser vielleicht fragen, wie wir auf die Zahl 43243 gekommen sind. Vielleicht durch eine Argumentation mit Längenvergleich? Nein, eine solche Argumentation wäre als Beweis für die neue Maschine viel zu unhandlich. Craigs Gesetz hat uns zu der Lösung geführt, wie wir weiter unten in diesem Kapitel sehen werden.

3. Eine Lösung ist 3432343. Wir überlassen es dem Leser, die Zahl zu berechnen, die von 3432343 produziert wird, und er wird feststellen, daß es tatsächlich die assoziierte Größe der Umkehrung von 3432343 ist. (Auch zu dieser Lösung sind wir durch die Anwendung von Craigs Gesetz gekommen.)

4. 53253 erfüllt die Bedingungen. (Wieder geht die Antwort auf Craigs Gesetz zurück.)

5. 4532453 ist eine Lösung.

6. 5432543 ist eine andere Lösung.

7. Offensichtlich ist die Lösung dann, wenn wir erst einmal wissen, daß eine Zahl sich selbst produziert. Wenn X die Zahl X produziert, dann produziert 5X natürlich die Wiederholung von X. Also produziert beispielsweise 5323 die Wiederholung von 323.

8. 5332533 ist eine Lösung. (Wieder Craigs Gesetz.)

9. 3532353 ist eine Lösung, die wir wieder mit Hilfe von Craigs Gesetz gefunden haben. (Ich hoffe, daß ich den Appetit des Lesers, Craigs Gesetz kennenzulernen, schon kräftig angeregt habe!)

10. 5(5) = 55; weil 5(5) die Wiederholung von 5 ist. Also nehmen wir für M die Zahl 5 und für X ebenfalls 5. (Ich habe nie gesagt, daß M und X verschieden sein müssen!)

11. 4(4) = 4; da 4(4) die Umkehrung von 4 ist, nämlich 4. Also ist M = 4 eine Lösung. (Tatsächlich würde jede Folge von Vieren die Bedingung erfüllen.)

12. Versuche M = 3 und X = 2; 3(2) = 222.

13. 4(6) = 6 und 6 = 4 + 2, also 4(6) = 4 + 2. Also M = 4 und X = 2.

14. M = 55, X = 55 ist eine Lösung.

15. M = 4, N = 44 ist eine Lösung.

16. M = 5, N = 55 ist eine Lösung.

17. M = 5, N = 4 ist eine Lösung.

18. M = 3, N = 5 ist eine Lösung.

19. M = 54, N = 45 ist eine Lösung.

20. M soll eine beliebige Operationszahl sein. Wir wissen (Faktum 1), daß für beliebige Zahlen Y und Z gilt, wenn Y die Zahl Z produziert, so produziert MY die Zahl M(Z). Deshalb muß (für Z setzen wir MY), wenn Y die Zahl MY produziert, MY die Zahl M(MY) produzieren. Somit produziert, wenn wir für MY die Zahl X einsetzen, X die Zahl M(X)! Also vereinfacht sich die Aufgabe dahin, ein Y zu finden, das MY produziert. Diese Aufgabe haben wir jedoch bereits im letzten Kapitel (mit McCullochs Gesetz) gelöst – und zwar haben wir für Y die Zahl 32M3 gefunden! Also nehmen wir für X die Zahl M32M3, und X produziert M(X).

Wir wollen dies noch einmal überprüfen: X sei M32M3. Da 2M3 die Zahl M3 produziert, produziert 32M3 (laut Regel 2) M32M3, und somit produziert M32M3 die Zahl M(M32M3); also produziert X die Zahl M(X), wobei X die Zahl M32M3 ist.

Betrachten wir einige Anwendungen: Um ein X zu finden, das die Wiederholung von X produziert, nehmen wir für M die Zahl 5, und somit ist die Lösung (oder vielmehr eine Lösung) 53253. Um ein X zu finden, das seine eigene Umkehrung produziert, setzen wir für M die Zahl 4, und X ist dann 43243. Um ein X zu finden, das die assoziierte Größe der Umkehrung von X produziert, setzen wir für M die Zahl 34, und eine Lösung ist 3432343.

Bei McCullochs erster Aufgabe – ein X zu suchen, das die Wiederholung der Umkehrung der assoziierten Größe von X produziert –, nehmen wir für M die Zahl 543 (5 für Wiederholung, 4 für Umkehrung und 3 für assoziierte Größe), und die Lösung ist 543325433. (Der Leser kann direkt beweisen, daß 543325433 die Wiederholung der Umkehrung der assoziierten Größe von 543325433 ist.) Bei McCullochs zweiter Aufgabe – ein X zu finden, das die assoziierte Größe der Wiederholung der Umkehrung von X produziert –, nehmen wir für M die Zahl 354 und erhalten die Lösung 354323543.

21, 22, 23, 24. Die Aufgaben 21, 22 und 23 sind Spezialfälle der Aufgabe 24; deshalb wollen wir zuerst Aufgabe 24 lösen.
Gegeben sind uns eine Operationszahl M und eine beliebige Zahl A, und wir suchen ein X, das M(AX) produziert. Der Trick besteht nun darin, ein Y zu finden, das nicht MY produziert, sondern AMY: Setzen wir für Y die Zahl 32AM3 ein. Da Y die Zahl AMY produziert, muß MY, Faktum 1 zufolge, M(AMY) produzieren. Somit produziert X, wenn wir für X die Zahl MY einsetzen, M(AX). Da wir für Y 32AM3 eingesetzt haben, ist unser X somit M32AM3. Also ist M32AM3 die gewünschte Lösung.
Um dies auf Aufgabe 21 anzuwenden, stellen wir zunächst fest, daß 7X7X einfach die Wiederholung von 7X ist, also suchen wir ein X, das die Wiederholung von 7X produziert – die Wiederholung von AX, wobei A die Zahl 7 ist. Also ist A die Zahl 7, und offensichtlich setzen wir für M 5 ein (da 5 die Wiederholungsoperation repräsentiert), und somit ist die Lösung 532753. (Der Leser kann direkt beweisen, daß 532753 tatsächlich die Wiederholung von 7532753 produziert.) Für Aufgabe 22 ist A = 9, für M setzen wir 4 ein, und die Lösung ist 432943. Für Aufgabe 23 ist A = 89, für M setzen wir 3 ein, also ist die Lösung 3328933.

25. Ja, für jede Zahl A gibt es ein X, das $\overleftarrow{X}$A produziert – nämlich 432$\overleftarrow{A}$43. (Für diese spezielle Aufgabe, bei der A die Zahl 67 ist, ist $\overleftarrow{A}$ die Zahl 76, folglich ist die Lösung 4327643.)

26. Für den allgemeinsten Fall besteht der Trick darin zu erkennen, daß $\overleftarrow{X}$A die Umkehrung von $\overleftarrow{A}$X ist, also M($\overleftarrow{X}$A) = M4($\overleftarrow{A}$X). Craigs Zweitem Gesetz zufolge ist ein X, das M4($\overleftarrow{A}$X) produziert, M432$\overleftarrow{A}$M43, also ist dies eine Lösung. Insbesondere gilt, wenn wir für M die Zahl 5 und für A die Zahl 67 einsetzen, daß 543276543 ein X ist, das die Wiederholung von $\overleftarrow{X}$67 produziert (wie der Leser direkt beweisen kann).

11
Fergussons Gesetz

Und jetzt kommen wir zu einer weiteren interessanten Entwicklung an McCullochs Maschinen. Zwei Wochen nach der letzten Episode erhielt McCulloch von Craig folgenden Brief:

Mein lieber McCulloch!
Ich bin von Ihren Zahlenmaschinen sehr beeindruckt und mein Freund Malcolm Fergusson ebenfalls. Kennen Sie Fergusson vielleicht zufällig? Er befaßt sich intensiv mit Forschungen im Bereich der reinen Logik und hat auch selbst Logikmaschinen konstruiert. Seine Interessen sind jedoch breit gestreut; beispielsweise interessiert er sich sehr für die Art von Schachaufgaben, die man *retrograde Analysen* nennt. Auch begeistern ihn rein kombinatorische Aufgaben – die Sorte, von der Ihre Maschinen so viele liefern. Ich habe ihn vor einer Woche besucht und ihm all Ihre Aufgaben gezeigt, und er war höchst beeindruckt. Drei Tage später traf ich ihn wieder, und er machte eine Bemerkung in dem Sinne, daß er vermuten würde, daß Ihre beiden Maschinen weitere interessante Eigenschaften hätten, die selbst der Erfinder nicht erkannt hätte! Er drückte sich aber sehr vage aus und meinte, er brauche noch mehr Zeit, um die Sache zu überdenken.
Fergusson wird am kommenden Freitagabend zum Essen bei mir sein. Hätten Sie Lust, ebenfalls zu kommen? Ich bin überzeugt, daß Sie vieles gemeinsam haben, und es könnte sehr interessant sein zu hören, was er sich zu Ihren Maschinen überlegt hat.
In der Hoffnung, daß Sie kommen werden, verbleibe ich

Ihr ergebener
L. Craig

McCullochs Antwort kam umgehend:

Lieber Craig!
Nein, ich habe Malcolm Fergusson noch nicht kennengelernt, aber ich habe von gemeinsamen Freunden viel über ihn gehört. War er nicht ein Schüler des berühmten Logikers Gottlob Frege? Soweit mir bekannt ist, arbeitet er an Ideen, die für die gesamte Grundlage der Mathematik von zentraler Bedeutung sind, und natürlich begrüße ich diese Gelegenheit, ihn kennenzulernen. Es ist sicher überflüssig zu sagen, daß ich sehr darauf gespannt bin zu hören, was er sich zu meinen Maschinen überlegt hat. Ich danke Ihnen für Ihre Einladung, die ich mit Freuden annehme.

Ihr ergebener
N. McCulloch

Beide Gäste waren eingetroffen. Nach einem ausgezeichneten Essen (zubereitet von Craigs Wirtin, Frau Hoffman) begann die mathematische Unterhaltung.
»Ich habe gehört, daß Sie einige Logikmaschinen konstruiert haben«, sagte McCulloch. »Ich würde gerne näheres darüber hören. Können Sie mir erklären, wie sie funktionieren?«
»Oh, das ist eine lange Geschichte«, antwortete Fergusson, »und ein grundlegendes Problem ihrer Arbeitsweise habe ich immer noch nicht geklärt. Sie und Craig könnten mich doch einmal in meiner Werkstatt besuchen. Dann kann ich Ihnen die ganze Geschichte erzählen. Heute abend möchte ich mich jedoch lieber über *Ihre* Maschinen unterhalten. Wie ich Craig schon vor ein paar Tagen gesagt habe, haben sie gewisse Eigenschaften, von denen – wie ich vermute – selbst Sie nichts wissen.«
»Und welche Eigenschaften sollen das sein?« fragte McCulloch.

1.

»Nun«, antwortete Fergusson, »ich möchte mit einem konkreten Beispiel für die Anwendung Ihrer zweiten Maschine beginnen: Es gibt Zahlen X und Y, für die gilt, daß X die Umkehrung von Y produziert und Y die Umkehrung von X produziert. Können Sie sie finden?«
Craig und McCulloch waren von dieser Aufgabe sehr fasziniert und machten sich sofort daran, sie zu lösen. Aber keinem von beiden gelang es. Die Aufgabe ist natürlich lösbar, und ehrgeizige Leser können sich an ihr versuchen. Ein grundlegendes Prinzip ist in ihr enthalten (das wir in diesem Kapitel erläutern wollen), und wenn der Leser mit ihm erst einmal vertraut ist, wird er sich wundern, wie einfach die Sache in Wirklichkeit ist.

2.

»Ich bin ziemlich verblüfft«, sagte Craig, nachdem Fergusson ihnen die Lösung gezeigt hatte. »Ich sehe, daß Ihre Lösung richtig ist, aber wie sind Sie darauf gekommen? Sind Sie zufällig auf diese Zahlen X und Y gestoßen, oder haben Sie sie mit einem rationalen Verfahren gefunden? Für mich sieht das wie ein Zauberkunststück aus!«

»Ja«, sagte McCulloch, »es ist so, als zöge man ein Kaninchen aus einem Hut!«
»Tatsächlich«, lachte Fergusson, der die Verblüffung sehr genoß. »Nur sieht es so aus, als hätte ich *zwei* Kaninchen aus einem Hut gezogen, die beide eine eigenartige Wirkung aufeinander haben.«
»Das stimmt allerdings!« entgegnete Craig. »Ich möchte nur gerne wissen, wie Sie darauf gekommen sind, gerade diese Kaninchen herauszuziehen!«
»Gute Frage, gute Frage!« gab Fergusson frohlockend zurück. »Hier – versucht es noch mit einer anderen Aufgabe: Es gibt zwei Zahlen X und Y, für die gilt, daß X die Wiederholung von Y produziert und Y die Umkehrung der assoziierten Größe von X produziert.«
»Oh, nein!« rief McCulloch.
»Einen Moment«, sagte Craig. »Ich glaube, ich habe da eine Idee: Wollen Sie uns erzählen, Fergusson, daß es für beliebige zwei Operationen, die die Maschine ausführen kann – für beliebige zwei Operationszahlen M und N –, Zahlen X und Y geben muß, für die gilt, daß X die Zahl M(Y) produziert und Y die Zahl N(X)?«
»Genau!« rief Fergusson. »Und damit können wir beispielsweise Zahlen X und Y finden, für die gilt, daß X die doppelte assoziierte Größe von Y produziert und Y die Wiederholung der Umkehrung von X produziert, oder irgendeine andere Kombination, die Ihnen einfällt.«
»Also, das ist wirklich merkwürdig!« sagte McCulloch. »In den letzten Tagen habe ich versucht, eine Maschine zu konstruieren, die genau diese Eigenschaft hat; ich hatte keine Ahnung, daß ich eine solche Maschine bereits habe!«
»Die haben Sie allerdings«, entgegnete Fergusson.
»Wie können Sie das beweisen?« fragte McCulloch.
»Lassen Sie mich den Beweis Schritt für Schritt entwickeln«, antwortete Fergusson. »Der Kern der Sache liegt tatsächlich in Ihren Regeln 1 und 2. Also lassen Sie mich zuerst ein paar Bemerkungen zu Ihrer ersten Maschine machen, die ja nur diese beiden Regeln hat. Wir wollen mit einer einfachen Aufgabe anfangen: Können Sie, indem Sie nur die Regeln 1 und 2 anwenden, zwei *verschiedene* Zahlen X und Y finden, für die gilt, daß X die Zahl Y produziert und Y die Zahl X produziert?«
Craig und McCulloch begannen sofort, an dieser Aufgabe zu arbeiten.
»Oh, natürlich!« sagte Craig mit einem Lachen. »Die Lösung folgt

offensichtlich aus etwas, das McCulloch mir vor einigen Wochen gezeigt hat.«
Können Sie ein solches X und Y finden?

3.

»Und jetzt die folgende Aufgabe«, sagte Fergusson. »Für jede Zahl A gibt es Zahlen X und Y, für die gilt, daß X die Zahl Y produziert und Y die Zahl AX produziert. Können Sie, wenn ein A gegeben ist, feststellen, wie Sie ein solches X und Y finden können? Können Sie beispielsweise Zahlen X und Y finden, für die gilt, daß X die Zahl Y produziert und Y die Zahl 7X?«
»Arbeiten wir immer noch nur mit den Regeln 1 und 2, oder können wir auch die Regeln 3 und 4 benutzen?« fragte Craig.
»Sie brauchen nur die Regeln 1 und 2«, antwortete Fergusson.
Craig und McCulloch machten sich daran, die Aufgabe zu lösen.
»Ich habe eine Lösung gefunden!« sagte Craig schließlich.

4.

»Das ist interessant«, sagte McCulloch, nachdem Craig seine Lösung gezeigt hatte. »Ich habe eine andere Lösung!«
Tatsächlich gibt es eine zweite Lösung. Können Sie sie finden?

5.

»Und jetzt«, sagte Fergusson, »kommen wir zu einer wirklich grundlegenden Eigenschaft: Allein aus den Regeln 1 und 2 folgt, daß es für beliebige zwei Zahlen A und B Zahlen X und Y gibt, für die gilt, daß X die Zahl AY produziert und Y die Zahl BX produziert. Beispielsweise gibt es Zahlen X und Y, für die gilt, daß X die Zahl 7Y produziert und Y die Zahl 8X produziert. Können Sie sie finden?«

6.

»Aus der letzten Aufgabe«, sagte Fergusson, »läßt sich leicht folgern – oder vielleicht ist es mit Craigs Zweitem Gesetz noch einfacher –, daß es für beliebige Operationszahlen M und N Zahlen X und Y geben muß, für die gilt, daß X die Zahl M(Y) produziert und Y die Zahl N(X) produziert. Das gilt nicht nur für Ihre jetzige Maschine, sondern für *jede* Maschine, deren Regeln zumindest die Regeln 1 und 2 einschließen. Mit Ihrer jetzigen Maschine gibt es beispielsweise Zahlen X und Y, für die gilt, daß X die Umkehrung von Y produziert und Y die assoziierte Größe von X produziert. Können Sie sie finden?«

7.

»Das ist äußerst interessant«, sagte McCulloch zu Fergusson, nachdem er und Craig die letzte Aufgabe gelöst hatten. »Mir fällt da folgende Frage ein: Gehorcht meine Maschine einem ›doppelten‹ Analogon von Craigs Zweitem Gesetz? Das heißt, wenn wir zwei Operationszahlen M und N und zwei Zahlen A und B haben, existieren dann notwendigerweise Zahlen X und Y, für die gilt, daß X die Zahl M(AY) produziert und Y die Zahl N(BX) produziert?«
»Oh ja«, antwortete Fergusson. »Beispielsweise gibt es Zahlen X und Y, für die gilt, daß X die Wiederholung von 7Y produziert und Y die Umkehrung von 89X produziert.«
Können Sie solche Zahlen finden?

8.

»Ich habe an eine andere Frage gedacht«, sagte Craig. »Wenn wir eine Operationszahl M und eine Zahl B haben, gibt es dann notwendigerweise ein X und ein Y, für die gilt, daß X die Zahl M(Y) produziert und Y die Zahl BX produziert? Gibt es beispielsweise Zahlen X und Y, für die gilt, daß X die assoziierte Größe von Y produziert und Y die Zahl 78X produziert?«
Gibt es solche Zahlen?

9.

»Tatsächlich sind noch viele andere Kombinationen möglich«, sagte Fergusson. »Können Sie, wenn beliebige Operationszahlen M und N und beliebige Zahlen A und B gegeben sind, Zahlen X und Y finden, die eine der folgenden Bedingungen erfüllen:
(a) X produziert M(AY) und Y produziert N(X).
(b) X produziert M(AY) und Y produziert BX.
(c) X produziert M(Y) und Y produziert X.
(d) X produziert M(AY) und Y produziert X.
Wie beweisen Sie diese Tatsachen?«

10. Verdreifachungen und weitergehende Vervielfachungen

»Nun, ich denke mir, daß wir so ziemlich alle Möglichkeiten durchgegangen sind«, sagte Craig.
»Das ist nicht ganz richtig«, entgegnete Fergusson. »Was ich Ihnen bislang gezeigt habe, ist nur der Anfang. Wußten Sie zum Beispiel, daß es Zahlen X, Y und Z gibt, für die gilt, daß X die Umkehrung von Y produziert, Y die Wiederholung von Z produziert und Z die assoziierte Größe von X produziert?«
»Oh, nein!« rief McCulloch.
»Allerdings«, entgegnete Fergusson. »Für beliebige drei Operationszahlen M, N und P muß es Zahlen X, Y und Z geben, für die gilt, daß X die Zahl M(Y) produziert, Y die Zahl N(Z) produziert und Z die Zahl P(X) produziert.«
Kann der Leser erkennen, wie sich dies beweisen läßt? Insbesondere, welche Zahlen X, Y und Z von solcher Art sind, daß X die Umkehrung von Y produziert, Y die Wiederholung von Z produziert und Z die assoziierte Größe von X produziert?

»Natürlich«, sagte Fergusson, nachdem Craig und McCulloch die Aufgabe gelöst hatten. »Alle Arten von Varianten dieses ›Dreifachgesetzes‹ sind möglich. Wenn beispielsweise beliebige drei Operationszahlen M, N und P und beliebige drei Zahlen A, B und C gegeben sind, gibt es Zahlen X, Y und Z, für die gilt, daß X die Zahl M(AY) produziert, Y die Zahl N(BZ) produziert und Z die Zahl P(CX) produziert. Dies gilt auch, wenn Sie eine oder zwei von den Zahlen A, B und C weglassen.

Ebenfalls können wir Zahlen X, Y und Z finden, für die gilt, daß X die Zahl AY produziert, Y die Zahl M(Z) produziert und Z die Zahl N(BX) produziert – alle Arten von Varianten sind möglich. Aber die können Sie berechnen, wenn Sie gelegentlich Zeit dazu haben.
Die gleiche Überlegung«, fuhr er fort, »läßt sich auf vier oder mehr Operationszahlen anwenden. Beispielsweise könnten wir Zahlen X, Y, Z und W finden, für die gilt, daß X die Zahl 78Y produziert, Y die Wiederholung von Z produziert, Z die Umkehrung von W produziert und W die assoziierte Größe von 62X produziert. Die Möglichkeiten sind wirklich unbegrenzt. Und all dies geht auf die erstaunliche Potenz zurück, die in den Regeln 1 und 2 liegt.«

Lösungen

1. Eine Lösung ist X = 4325243 und Y = 524325243. Da 25243 die Zahl 5243 produziert, produziert 325243 die assoziierte Größe von 5243, nämlich 524325243, und das ist Y. Da 325243 die Zahl Y produziert, produziert 4325243 die Umkehrung von Y, aber 4325243 ist X. Somit produziert X die Umkehrung von Y. Außerdem produziert Y offensichtlich die Wiederholung von X (weil Y 52X ist, und da 2X die Zahl X produziert, produziert 52X die Wiederholung von X). Somit produziert X die Umkehrung von Y, und Y produziert die Wiederholung von X.

2. Craig hat sich an McCullochs Gesetz erinnert: daß es für eine beliebige Zahl A eine Zahl X gibt (nämlich 32A3), die AX produziert. Insbesondere gilt, wenn wir für A die Zahl 2 einsetzen, daß es eine Zahl X gibt (nämlich 3223), die 2X produziert. Und natürlich produziert 2X wiederum die Zahl X. Somit sind 3223 und 23223 ein Zahlenpaar, das die Bedingungen erfüllt; 3223 produziert 23223, und 23223 produziert 3223.

3. Craig löste die Aufgabe folgendermaßen: Er überlegte sich, daß er nur ein X finden mußte, das 27X produziert. Wenn wir also für Y die

Zahl 27X einsetzen, so produziert X die Zahl Y und Y produziert 7X. Außerdem stellte er fest, daß es ein X *gibt*, das 27X produziert – nämlich 32273. Also war Craigs Lösung X = 32273; Y = 2732273. Natürlich funktioniert dies nicht nur speziell mit der Zahl 7, sondern mit jeder Zahl A: Wenn wir für X 322A3 und für Y 2A322A3 einsetzen, so produziert X die Zahl Y und Y produziert AX.

4. McCulloch dagegen ging die Aufgabe auf folgende Weise an: Er überlegte sich, daß er nur ein Y finden mußte, das 72Y produziert. Wenn wir also für X die Zahl 2Y einsetzen, so produziert X die Zahl Y und Y produziert 7X. Wir wissen, wie wir ein solches Y finden können: Wir nehmen Y = 32723. McCullochs Lösung war also X = 232723; Y = 32723.

5. Wir müssen nur ein X finden, das A2BX produziert. Wenn wir dann für Y die Zahl 2BX einsetzen, so produziert X die Zahl AY und Y produziert BX. Ein X, das A2BX produziert, ist 32A2B3. Also ist eine Lösung X = 32A2B3, Y = 2B32A2B3. (Für den speziellen Fall A = 7, B = 8 lautet die Lösung X = 327283, Y = 28327283.)

6. Wir wollen diese Aufgabe zunächst mit Craigs Zweitem Gesetz lösen, das ja besagt, daß es für eine beliebige Operationszahl M und eine beliebige Zahl A eine Zahl X gibt (nämlich M32AM3), die M(AX) produziert. Nehmen wir also zwei beliebige Operationszahlen M und N. Dann gibt es laut Craigs Zweitem Gesetz (für A nehmen wir N2) eine Zahl X (nämlich M32N2M3), die M(N2X) produziert. Und natürlich produziert N2X die Zahl N(X). Wenn wir also für Y die Zahl N2X einsetzen, so produziert X die Zahl M(Y), und Y produziert N(X). Eine Lösung ist somit X = M32N2M3 und Y = N2M32N2M3. (Bei der speziellen Aufgabe, die Fergusson genannt hat, setzen wir für M die Zahl 4 und für N die Zahl 3 ein, und die Lösung ist X = 4323243, Y = 324323243. Der Leser kann direkt überprüfen, daß X die Umkehrung von Y produziert und Y die assoziierte Größe von X – die zweite Hälfte ist besonders offensichtlich.)
Wir hätten die Aufgabe auch anders angehen können: Aus der Lösung von Aufgabe 5 wissen wir, daß es Zahlen Z und W gibt, für die gilt, daß Z die Zahl NW produziert und W die Zahl MZ produziert (nämlich Z = 32N2M3, W = 2M32N2M3). Also produziert, laut Faktum 1 des letzten Kapitels, MZ die Zahl M(NW), und NW produziert N(MZ); wenn also X = MZ und Y = NW, dann produziert X die Zahl M(Y),

und Y produziert N(X). Somit erhalten wir die Lösung X = M32N2M3, Y = N2M32N2M3.

7. Jetzt brauchen wir ein X, das M(AN2BX) produziert; ein solches X ist – Craigs Zweitem Gesetz zufolge – M32AN2BM3. Für Y setzen wir N2BX ein. X produziert dann M(AY), und Y (das N2BX ist) produziert offensichtlich N(BX). Die allgemeine Lösung (oder zumindest eine solche) lautet also X = M32AN2BM3, Y = N2BM32AN2BM3. Für die hier gegebene spezielle Aufgabe müssen wir offensichtlich einsetzen: M = 5, N = 4, A = 7, B = 89.

8. Craigs Zweitem Gesetz zufolge gibt es ein X, das M(2BX) produziert, – nämlich X = M322BM3. Für Y setzen wir dann 2BX ein. Also produziert X die Zahl M(Y), und Y produziert BX. Für die hier gegebene spezielle Aufgabe setzen wir M = 3 und B = 78 und erhalten die Lösung X = 33227833, Y = 27833227833.

9. (a) Setze ein X ein, das M(AN2X) produziert, und setze für Y die Zahl N2X ein. (Wir können einsetzen X = M32AN23; Y = N2M32AN23.) X produziert dann M(AY), und Y produziert N(X).
(b) Setze jetzt ein X ein, das M(A2BX) produziert, und setze für Y die Zahl 2BX ein. (Somit ist jetzt eine Lösung X = M32A2B3; Y = 2BM32A2B3.)
(c) Wenn X die Zahl M(Y) produziert und Y = 2X, so haben wir eine Lösung, also setze ein X = M322M3; Y = 2M322M3.
(d) Wenn X die Zahl M(AY) produziert und Y = 2X, so haben wir eine Lösung, also setze ein X = M32A2M3 und Y = 2M32A2M3.

10. Laut Craigs Zweitem Gesetz gibt es ein X, das M(N2P2X) produziert – nämlich X = M32N2P2M3. Wenn Y = N2P2X, so produziert X die Zahl M(Y). Wenn Z = P2X, dann Y = N2Z; folglich produziert Y die Zahl N(Z). Und Z produziert P(X).
Also ist die Lösung explizit X = M32N2P2M3, Y = N2P2M32N2P2M3, Z = P2M32N2P2M3.
Für die spezielle Aufgabe ist die Lösung X = 432523243, Y = 52324232523243 und Z = 32432523243.
Der Leser kann direkt berechnen, daß X die Umkehrung von Y produziert, Y die Wiederholung von Z produziert und Z die assoziierte Größe von X produziert.

Übrigens können wir, wenn drei beliebige Zahlen A, B und C gegeben sind, Zahlen U, V und W finden, für die gilt, daß U die Zahl AV produziert, V die Zahl BW produziert und W die Zahl CU produziert: Wir nehmen einfach ein U, das A2B2CU produziert (wenn wir das Verfahren von Craigs Zweitem Gesetz benutzen: U = 32A2B2C3). Dann setzen wir V = 2B2CU und W = 2CU. U produziert dann AV, V produziert BW und W produziert CU. Wenn jetzt A, B und C Operationszahlen sind, setzen wir X = AV, Y = BW und Z = CU, und X produziert A(Y), Y produziert B(Z) und Z produziert C(X), und damit haben wir eine alternative Lösungsmethode für diese Aufgabe.

12

Zwischenspiel: Wir wollen generalisieren

Zwei Tage nach der letzten Episode wurde Craig plötzlich und ganz unerwartet von Scotland Yard nach Norwegen geschickt eines Falles wegen, der – obwohl interessant – uns hier nicht weiter beschäftigen soll. Während er unterwegs ist, will ich die Gelegenheit nutzen, dem Leser etwas von meinen eigenen Überlegungen zu McCullochs Zahlenmaschinen mitzuteilen. Die Leser, denen sehr an der Auflösung des Rätsels vom Schloß in Monte Carlo gelegen ist, können dieses Kapitel zunächst überschlagen.

Mathematiker lieben es zu generalisieren! Es ist typisch, daß ein Mathematiker X einen Satz beweist, und sechs Monate, nachdem er ihn veröffentlicht hat, stößt der Mathematiker Y darauf und sagt sich: »Aha, ein sehr schöner Satz, den X da bewiesen hat, aber *ich* kann etwas noch allgemeineres beweisen!« Also veröffentlicht er einen Aufsatz mit dem Titel »Eine Generalisierung des Satzes von X«. Oder vielleicht ist Y auch ein wenig Gewitzter und macht folgendes: *Im stillen* generalisiert er zunächst den Satz von X und sucht dann nach einem Spezialfall seiner eigenen Generalisierung. Dieser Spezialfall *scheint* dann von dem ursprünglichen Satz von X so verschieden zu sein, daß Y ihn als neuen Satz veröffentlichen kann. Dann kommt natürlich ein anderer Mathematiker – Z – daher, den das Gefühl nicht mehr losläßt, daß *irgendwie* die beiden Sätze von X und Y *irgend etwas* Wichtiges gemeinsam haben, und nach langem Forschen findet er ein gemeinsames Prinzip. Dann veröffentlicht Z einen Aufsatz, in dem er dieses neue allgemeine Prinzip darlegt und beweist und hinzufügt: »Die Sätze von X und Y kann man als Sonderfälle meines Satzes betrachten, wie sich folgendermaßen zeigen läßt . . .«

Nun, ich bin keine Ausnahme, und auch ich möchte zuerst einige Merkmale von McCullochs Maschinen aufzeigen, die – wie ich vermute – weder McCulloch noch Craig oder Fergusson bemerkt haben, und dann möchte ich einige Generalisierungen anschließen.

Was mir zuerst aufgefallen ist, als ich mir die Diskussion von McCullochs zweiter Maschine näher ansah, war die Tatsache, daß wir, wenn Regel 4 (die Wiederholungsregel) eingeführt ist, Regel 2 (die Assoziationsregel) nicht mehr brauchen, um auf Gesetze wie die von Craig und Fergusson zu kommen. Angenommen, wir hätten eine Maschine, die nur die Regeln 1 und 4 anwendet: Für eine solche Maschine können wir eine Zahl X finden, die sich selbst produziert; wir können eine andere finden, die ihre eigene Wiederholung produziert; wenn wir ein beliebiges A haben, können wir eine Zahl X finden, die AX produziert; wir können ein X finden, das die Wiederholung von AX oder die

Wiederholung der Wiederholung von AX produziert. Außerdem – immer noch unter der Voraussetzung, daß Regel 2 aus McCullochs Maschine entfernt wurde – können wir ein X finden, das seine eigene Umkehrung produziert, oder ein X, das die Wiederholung seiner Umkehrung produziert, oder ein X, das die Umkehrung von AX produziert, oder ein X, das die Wiederholung der Umkehrung von AX produziert. Nehmen wir nun an, wir hätten eine Maschine, die McCullochs Regeln 1, 2 und 4 folgt (Regel 3, die Umkehrregel, lassen wir aus). Dann gibt es zwei verschiedene Möglichkeiten, eine Zahl zu konstruieren, die ihre eigene assoziierte Größe produziert; es gibt zwei Möglichkeiten, eine Zahl zu konstruieren, die ihre eigene Wiederholung produziert; zwei Möglichkeiten, eine Zahl zu konstruieren, die die assoziierte Größe ihrer Wiederholung oder die Wiederholung ihrer assoziierten Größe produziert.

Schließlich stellen wir fest, daß Craigs und Fergussons Gesetze bei *jeder* Maschine, die zumindest die Regeln 1 und 4 erfüllt, allesamt Gültigkeit haben. Und damit können wir für die meisten Aufgaben der letzten beiden Kapitel alternative Lösungen finden, indem wir Regel 4 statt Regel 2 anwenden. (Kann der Leser erkennen, wie man dahin kommt? Falls nicht, wird er die nötigen Erklärungen weiter unten finden.)

Ich könnte noch vieles dazu sagen, aber um die Sache kurz zu machen, möchte ich meine wichtigsten Beobachtungen in drei Punkten zusammenfassen:

Faktum 1: So wie jede Maschine, die den Regeln 1 und 2 folgt, auch McCullochs Gesetz gehorcht (daß es zu jedem beliebigen A ein X gibt, das AX produziert), so gehorcht auch jede Maschine, die den Regeln 1 und 4 folgt, diesem Gesetz.

Faktum 2: Für jede Maschine, für die McCullochs Gesetz gilt, gelten auch die beiden Gesetze von Craig.

Faktum 3: Jede Maschine, die *sowohl* Craigs Zweitem Gesetz *als auch* Regel 1 folgt, muß auch allen Gesetzen von Fergusson folgen.

Kann der Leser herausfinden, wie sich all dies beweisen läßt?

Lösungen

Wir wollen uns zunächst eine Maschine vorstellen, die den Regeln 1 und 4 folgt: Für jedes beliebige X gilt, daß 52X die Zahl XX produziert; wenn wir also für X die Zahl 52 einsetzen, sehen wir, daß 5252 die Zahl 5252 produziert. Also haben wir eine Zahl, die sich selbst produziert. Auch produziert 552552 seine eigene Wiederholung. Wenn wir außerdem für ein beliebiges A ein X suchen, das AX produziert, setzen wir für X 52A52 ein (es produziert die Wiederholung von A52, nämlich A52A52, und das ist AX). Das beweist Faktum 1. (Wenn wir ein X suchen, das die Wiederholung von AX produziert, setzen wir für X 552A552 ein.)

Denken wir uns nun eine Maschine, die McCullochs Regeln 1, 3 und 4 folgt. Eine Zahl, die ihre eigene Umkehrung produziert, ist 452452 (sie produziert die Umkehrung der Wiederholung von 452; anders gesagt, die Umkehrung von 452452). (Vergleiche dies mit der früheren Lösung 43243.) Eine Zahl, die die Wiederholung ihrer eigenen Umkehrung produziert, ist 54525452. (Vergleiche mit der früheren Lösung 5432543.)

Sehen wir uns nun eine Maschine an, die den Regeln 1, 2 und 4 folgt. Wir wissen, daß 33233 seine eigene assoziierte Größe produziert, aber das gilt auch für 352352. Für ein X, das seine eigene Wiederholung produziert, haben wir bereits die beiden Lösungen 35235 und 552552. Für ein X, das die assoziierte Größe seiner Wiederholung produziert, ist eine Lösung 3532353; eine andere ist 35523552. Für eine Zahl, die die Wiederholung ihrer assoziierten Größe produziert, ist eine Lösung 5332533, eine andere 53525352.

Betrachten wir jetzt eine beliebige Maschine, die zumindest die Regeln 1 und 4 von McCullochs Maschinen erfüllt. Wenn wir eine Operationszahl M haben, so ist ein X, das M(X) produziert, die Zahl M52M52. (Vergleiche dies mit der früheren Lösung M32M3, bei der Regel 2 statt Regel 4 benutzt wurde.) Und wenn wir eine Operationszahl M und eine Zahl A haben, so ist ein X, das M(AX) produziert, die Zahl M52AM52. (Vergleiche dies mit der früheren Lösung M32AM3.) Dies zeigt, daß wir mit den Regeln 1 und 4 zu beiden Gesetzen von Craig kommen können. Ich habe jedoch die allgemeine Feststellung gemacht (Faktum 2), daß McCullochs Gesetz allein genügt, um zu Craigs Gesetzen zu kommen. Dies läßt sich in der Form beweisen, wie wir es in Kapitel 10 gemacht haben: Wenn wir eine Operationszahl M haben, so gibt es ein Y, das MY produziert, und folglich produziert MY die Zahl M(MY); folglich produziert X die Zahl M(X), wobei X = MY. Und für jedes beliebige A gilt, daß, wenn es ein Y gibt, das AMY produziert, dann MY die Zahl M(AMY) produziert, und somit produziert X die Zahl M(AX) für X = MY.

Faktum 3 läßt sich ebenso beweisen, wie wir es im letzten Kapitel gemacht haben. (Wenn wir beispielsweise Operationszahlen M und N haben, so gibt es, wenn Craigs Zweites Gesetz gilt, ein X, das M(N2X) produziert, und wenn wir für Y die Zahl N2X einsetzen, so produziert X die Zahl M(Y) und Y produziert N(X).)

13
Der Schlüssel

Die Angelegenheit, die Craig nach Norwegen geführt hatte, war schneller erledigt, als erwartet, und genau drei Wochen nach seiner Abreise kehrte er nach Hause zurück. Bei seiner Ankunft fand er eine Nachricht von McCulloch:

Lieber Craig!
Falls es der Zufall will, daß Sie am Freitag, dem 12. Mai, schon von Ihrer Reise zurück sind, würde ich mich sehr freuen, wenn Sie zum Abendessen zu mir kämen. Ich habe Fergusson eingeladen.

Mit den besten Grüßen
Norman McCulloch

»Ausgezeichnet!« dachte Craig. »Ich bin gerade rechtzeitig gekommen!«
Als er bei McCulloch eintraf, war Fergusson schon seit einer Viertelstunde dort.
»Schön, schön, willkommen in der Heimat!« begrüßte McCulloch ihn.
»Während Sie auf Reisen waren«, sagte Fergusson, »hat McCulloch eine neue Zahlenmaschine erfunden!«
»Tatsächlich?« entgegnete Craig.
»Ich habe sie nicht ganz allein erfunden«, bekannte McCulloch. »Fergusson ist mitverantwortlich. Aber diese Maschine ist äußerst interessant; sie hat die folgenden vier Regeln:

M– I: Für jede beliebige Zahl X gilt, daß 2X2 die Zahl X produziert.
M– II: Wenn X die Zahl Y produziert, dann produziert 6X die Zahl 2Y.
M–III: Wenn X die Zahl Y produziert, dann produziert 4X die Zahl $\overleftarrow{Y}$ (wie bei der letzten Maschine).
M–IV: Wenn X die Zahl Y produziert, dann produziert 5X die Zahl YY (wie bei der letzten Maschine).

Diese Maschine«, sagte McCulloch, »hat all die guten Eigenschaften meiner letzten Maschine – sie gehorcht Ihren beiden Gesetzen und außerdem Fergussons doppelten Analogien.«
Craig studierte diese Regeln eine Weile mit ungewöhnlichem Eifer. »Ich sehe einfach kein Land«, sagte er schließlich. »Ich finde nicht mal eine Zahl, die sich selbst produziert. Gibt es überhaupt welche?«
»Oh ja«, erwiderte McCulloch. »Obwohl sie viel schwerer zu finden

sind als mit meiner letzten Maschine. Tatsächlich war es so, daß ich diese Aufgabe nicht lösen konnte, aber Fergusson hat es geschafft. Die kürzeste Zahl, die wir gefunden haben, die sich selbst produziert, hat zehn Ziffern.«

Craig vertiefte sich wieder in seine Überlegungen. »Die ersten beiden Regeln reichen sicher nicht aus, um zu einer solchen Zahl zu kommen?«

»Allerdings nicht!« antwortete McCulloch. »Man braucht alle vier Regeln, um eine solche Zahl zu finden.«

»Erstaunlich!« sagte Craig und fiel wieder in tiefes Nachdenken.

»Allmächtiger Himmel!« rief er plötzlich und sprang von seinem Stuhl auf. »Damit ist das Safe-Rätsel tatsächlich gelöst!«

»Wovon reden Sie eigentlich?« fragte Fergusson.

»Oh, Verzeihung!« sagte Craig, und dann erzählte er den beiden Freunden die ganze Monte-Carlo-Geschichte.

»Ich verlasse mich darauf, daß ihr vertraulich damit umgeht«, schloß Craig seinen Bericht. »Wenn Sie, McCulloch, mir jetzt eine Zahl zeigen, die sich selbst produziert, kann ich sofort eine Kombination finden, mit der sich das Schloß öffnen läßt.«

Für den Leser gibt es also drei Rätsel:

(1) Welche Zahl X produziert sich bei dieser letzten Maschine selbst?
(2) Welche Kombination kann das Schloß öffnen?
(3) In welcher Beziehung stehen die ersten beiden Fragen zueinander?

Epilog

Früh am nächsten Morgen schickte Craig einen zuverlässigen Boten nach Monte Carlo, der Martínez die Kombination überbringen sollte. Der Bote kam rechtzeitig an, und der Safe wurde ohne Zwischenfall geöffnet.

Wie Martínez versprochen hatte, ließ das Direktorium Craig eine ansehnliche Belohnung zukommen, und Craig ließ sich nicht davon abbringen, seine Belohnung mit McCulloch und Fergusson zu teilen. Um das Ereignis zu feiern, verbrachten die drei Freunde einen vergnüglichen Abend im Lion's Inn.

»Ach ja«, sagte Craig nach einem edlen Glas Sherry, »dies war einer der interessantesten Fälle meiner ganzen Laufbahn! Und ist es nicht denkwürdig, daß diese Zahlenmaschinen, die aus reiner intellektueller Neugier entstanden sind, schließlich eine so unerwartete praktische Anwendung gefunden haben?«

Lösungen

Zuerst möchte ich noch einige Bemerkungen zu dem Rätsel des Schlosses des Safes der Bank in Monte Carlo machen.

Bei der letzten Bedingung von Farkus – Sie erinnern sich noch an den mathematikbegeisterten Bankangestellten? – deutete nichts darauf hin, daß *y* eine andere Kombination als *x* sein muß. Wenn wir also *x* und *y* als gleich annehmen, so lautet die Bedingung folgendermaßen: »Wenn *x* eine besondere Beziehung zu *x* hat, dann ist, wenn *x* das Schloß blockiert, *x* neutral, und wenn *x* neutral ist, blockiert *x* das Schloß.« Es ist daher unmöglich, daß *x* sowohl das Schloß blockieren als auch neutral sein kann; wenn *x* also eine besondere Beziehung zu *x* hat, kann *x* weder das Schloß blockieren noch neutral sein; folglich muß *x* das Schloß öffnen! Wenn wir also eine Kombination *x* finden können, die eine besondere Beziehung zu sich selbst hat, können wir mit einem solchen *x* das Schloß öffnen.

Natürlich hatte Craig dies erkannt, noch bevor er nach London zurückkehrte. Aber wie sollte er eine Kombination *x* finden, die eine besondere Beziehung zu sich selbst hat? Das war das Problem, für das Craig keine Lösung wußte, bevor er das Glück hatte, McCullochs dritte Maschine kennenzulernen.

Wie sich nun zeigt, ist die Aufgabe, eine Kombination zu finden, von der sich auf Grund der Farkusschen Bedingungen zeigen läßt, daß sie eine besondere Beziehung zu sich selbst hat, im Grunde identisch mit der Aufgabe, eine Zahl zu finden, die sich in McCullochs letzter Maschine selbst produziert. Der einzige wesentliche Unterschied besteht darin, daß die Kombinationen Buchstabenfolgen sind, während die Zahlenmaschinen mit Ziffernfolgen arbeiten, aber mit dem folgenden einfachen Verfahren können wir leicht eine Aufgabenart in die andere umformen:

Zunächst machen wir uns klar, daß die einzigen Kombinationen, die wir in Betracht ziehen müssen, solche mit den Buchstaben Q, L, V, R sind (dies sind offensichtlich die einzigen Buchstaben, die eine Rolle spielen). Nehmen wir nun an, daß wir anstelle dieser Buchstaben die Zahlen 2, 6, 4, 5 benutzt hätten (nämlich 2 für Q, 6 für L, 4 für V, 5 für R). Um dies übersichtlicher zu machen:

Q	L	V	R
2	6	4	5

Nun wollen wir einmal schauen, wie die ersten vier Bedingungen von Farkus aussehen, wenn wir die Bezeichnung mit Buchstaben durch eine Bezeichnung mit Zahlen ersetzen.

(1) Für jede Zahl X gilt, daß 2X2 eine besondere Beziehung zu X hat.

(2) Wenn X eine besondere Beziehung zu Y hat, dann hat 6X eine besondere Beziehung zu 2Y.

(3) Wenn X eine besondere Beziehung zu Y hat, dann hat 4X eine besondere Beziehung zu $\overleftarrow{Y}$.

(4) Wenn X eine besondere Beziehung zu Y hat, dann hat 5X eine besondere Beziehung zu YY.

Wir sehen sofort, daß dies exakt die Bedingungen der letzten Zahlenmaschine sind, abgesehen davon, daß statt *produziert* der Ausdruck *hat eine besondere Beziehung zu* verwendet wird. (Ich hätte, als ich die Bedingungen in Kapitel 8 anführte, den Begriff *produziert* statt *hat eine besondere Beziehung zu* verwenden können, aber ich wollte es für den Leser nicht allzu einfach machen!) Und so erkennen wir, wie sich jede Aufgabe in die andere umformen läßt.

Ich möchte dies noch einmal erklären, diesmal präziser: Für jede beliebige Kombination x aus den Buchstaben Q, L, V, R soll $\bar{x}$ die Zahl sein, die wir erhalten, wenn wir Q durch 2, L durch 6, V durch 4 und R durch 5 ersetzen. Wenn beispielsweise x die Kombination VQRLQ ist, dann ist $\bar{x}$ die Zahl 42562. Wir wollen $\bar{x}$ die *Codenummer* von x nennen. (Übrigens geht die Idee, Ausdrücke mit Zahlen zu kennzeichnen, auf den Logiker Kurt Gödel zurück und wird in der Fachsprache als *Gödelsche Numerierung* bezeichnet. Sie ist von großer Bedeutung, wie wir sehen werden.)

Jetzt können wir den Kernpunkt des letzten Paragraphen präzise so angeben: Für jede beliebige Kombination x und y der vier Buchstaben Q, L, V, R gilt: Wenn sich zeigen läßt, daß $\bar{x}$ auf Grund der Bedingungen M–I bis M–IV von McCullochs letzter Maschine die Zahl $\bar{y}$ produziert, so läßt sich zeigen, daß x auf Grund der ersten vier Bedingungen von Farkus eine besondere Beziehung zu y hat – und umgekehrt.

Wenn wir also eine Zahl finden können, die sich in der neusten Zahlenmaschine selbst produzieren muß, so muß diese Zahl die Codenummer einer Kombination sein, die eine besondere Beziehung zu sich selbst hat, und mit dieser Kombination muß sich das Schloß öffnen lassen.

Wie finden wir nun eine Zahl N, die sich in dieser neuen Maschine selbst produziert? Wir suchen zunächst nach einer Zahl H, für die gilt, daß mit beliebigen Zahlen X und Y, wobei X die Zahl Y produziert, HX die Zahl Y2Y2 produziert. Wenn wir ein solches H finden können, so gilt für jede beliebige Zahl Y, daß H2Y2 die Zahl Y2Y2 produziert (weil 2Y2 auf Grund von M–I Y produziert), und folglich produziert H2H2 die Zahl H2H2, und wir haben das gewünschte N gefunden. Aber wie kommen wir zu einem solchen H?

Die Aufgabe läuft schließlich auf folgendes hinaus: Wie können wir, wenn wir mit einer gegebenen Zahl Y anfangen, durch sukzessives Anwenden von Operationen, die die gegenwärtige Maschine ausführen kann, zu der Zahl Y2Y2 kommen? Nun, wir erhalten Y2Y2 aus Y auf folgendem Weg: Zuerst kehren wir Y um und erhalten $\overleftarrow{Y}$; dann fügen wir links von $\overleftarrow{Y}$ 2 an und erhalten $2\overleftarrow{Y}$; dann kehren wir $2\overleftarrow{Y}$ um und erhalten Y2; dann wiederholen wir Y2 und erhalten Y2Y2. Diese Operationen werden durch die Operationszahlen 4,6,4 und 5 repräsentiert, und somit setzen wir für H 5464 ein.

Wir wollen überprüfen, ob dieses H tatsächlich die Bedingungen erfüllt: Angenommen, X produziert Y; wir müssen überprüfen, ob 5464X die Zahl Y2Y2 produziert. Nun, da X die Zahl Y produziert, produziert 4X (laut M–III) die Zahl $\overleftarrow{Y}$; folglich produziert 64X die Zahl $2\overleftarrow{Y}$ (laut M–II); folglich produziert 464X die Zahl Y2 (laut M–III), folglich produziert 5464X die Zahl Y2Y2 (laut M–IV). Wenn also X die Zahl Y produziert, so produziert HX tatsächlich Y2Y2.

Nachdem wir nun unser H gefunden haben, setzen wir für N die Zahl H2H2 ein, also produziert die Zahl 5464254642 sich selbst (wie der Leser direkt beweisen kann).

Nachdem wir nun wissen, daß 5464254642 sich selbst produziert, wissen wir, daß diese Zahl die Codenummer einer Kombination sein muß, mit der sich das Schloß öffnen läßt. Diese Kombination ist RVLVQRVLVQ.

Natürlich läßt sich die Monte Carlo-Aufgabe auch direkt lösen und muß nicht in eine Zahlenmaschinenaufgabe übertragen werden. Daß ich letzteren Weg gewählt habe, hat zwei Gründe. Zum einen hat es sich so zugetragen, daß Craig auf diese Weise zu der Lösung fand. Zum anderen schien mir, daß es für den Leser interessant sein müßte, ein Beispiel dafür kennenzulernen, daß zwei mathematische Probleme verschiedene Inhalte, aber die gleiche abstrakte Form haben können.

Um direkt zu beweisen, daß RVLVQRVLVQ eine besondere Beziehung zu sich selbst hat (und damit das Schloß öffnen kann), argumentieren wir folgendermaßen: QRVLVQ hat eine besondere Beziehung zu RVLV (auf Grund von Eigenschaft Q); folglich hat VQRVLVQ eine besondere Beziehung zu der Umkehrung von RVLV (auf Grund von Eigenschaft V), und das ist VLVR. Deshalb hat LVQRVLVQ eine besondere Beziehung zu QVLVR (auf Grund von Eigenschaft L), und folglich hat VLVQRVLVQ eine besondere Beziehung zu der Umkehrung von QVLVR, nämlich RVLVQ. Folglich hat (auf Grund von Eigenschaft R) RVLVQRVLVQ eine besondere Beziehung zu der Wiederholung von RVLVQ, nämlich RVLVQRVLVQ. Und somit hat RVLVQRVLVQ eine besondere Beziehung zu sich selbst.

14

Fergussons Logikmaschine

Einige Monate, nachdem sie die Lösung des Rätsels vom Schloß in Monte Carlo zusammen gefeiert hatten, machten Craig und McCulloch einen Besuch bei Fergusson, um etwas über seine Logikmaschine zu erfahren. Es dauerte nicht lange, bis sie auf die Natur der Beweisbarkeit zu sprechen kamen.

»Ich muß euch von einem interessanten und aufschlußreichen Vorfall erzählen«, sagte Fergusson. »Bei einer Prüfung in Geometrie wurde ein Student aufgefordert, den pythagoreischen Lehrsatz zu beweisen. Er gab seine Arbeit ab, und der Dozent gab sie sehr schlecht benotet und mit dem Vermerk ›Das ist kein Beweis!‹ zurück. Daraufhin ging der junge Mann zu dem Dozenten und sagte: ›Sir, wie können Sie sagen, daß das, was ich Ihnen gegeben habe, kein Beweis ist? Sie haben in unserem Kurs nicht definiert, was unter einem Beweis zu verstehen ist! Sie waren bewundernswert präzise bei Ihren Definitionen von solchen Dingen wie Dreiecken, Quadraten, Kreisen, Parallelität, Vertikalität und anderen geometrischen Begriffen, aber Sie haben nie genau definiert, was Sie unter dem Wort ›Beweis‹ verstehen. Wie können Sie dann so sicher behaupten, daß das, was ich Ihnen gegeben habe, kein Beweis ist? Wie wollen Sie *beweisen*, daß es kein Beweis ist?‹«

»Brillant!« rief Craig und klatschte Beifall. »Der Junge wird es weit bringen. Was hat der Dozent geantwortet?«

»Oh«, sagte Fergusson, »leider gehörte er zu der trockenen und pedantischen Sorte ohne Humor und Phantasie. Er zog weitere Punkte ab mit der Begründung, der junge Mann verhalte sich ungehörig.«

»Sehr schade!« rief Craig empört. »Wäre ich der Dozent gewesen, hätte ich den Jungen für eine so kluge Beobachtung reichlich honoriert!«

»Natürlich«, antwortete Fergusson. »Das hätte ich auch getan. Aber Sie wissen ja, wie es leider mit allzu vielen Lehrern steht; sie haben selbst keine kreativen Fähigkeiten und fühlen sich durch Studenten, die selbständig denken können, bedroht.«

»Ich muß zugeben«, sagte McCulloch, »daß ich anstelle des Dozenten die Frage des Studenten auch nicht hätte beantworten können. Natürlich hätte ich ihn für seine Frage gelobt, aber ich sehe nicht, wie ich sie hätte beantworten können. Was ist überhaupt ein Beweis? Irgendwie scheine ich ja einen richtigen Beweis, wenn ich ihn sehe, erkennen zu können, und gewöhnlich kann ich auch ein ungültiges Argument entdecken, wenn ich darauf stoße; und trotzdem, wenn man mich nach einer *Definition* für einen Beweis fragen würde, wäre ich ernstlich unter Druck!«

»So geht es fast allen Mathematikern«, antwortete Fergusson. »Mehr als neunundneunzig Prozent von ihnen können einen korrekten Beweis erkennen oder die Ungültigkeit bei einem falschen Beweis bemerken, auch wenn sie außerstande sind zu definieren, was sie unter einem Beweis verstehen. Ein Problem, das uns Logiker beschäftigt, ist, den Begriff ›Beweis‹ zu analysieren – ihn zu einem so strengen Begriff wie andere Begriffe in der Mathematik zu machen.«

»Wenn die meisten Mathematiker bereits wissen, was ein Beweis ist, auch wenn sie es nicht definieren können«, sagte Craig, »warum ist es dann so wichtig, den Begriff zu definieren?«

»Dafür gibt es verschiedene Gründe«, antwortete Fergusson. »Und selbst wenn es keine gäbe, würde ich die Definition um ihrer selbst willen kennen wollen. In der Geschichte der Mathematik ist es oft vorgekommen, daß bestimmte grundlegende Begriffe – zum Beispiel Stetigkeit – intuitiv benutzt wurden, lange bevor man sie streng definiert hat. Ist der Begriff dann jedoch definiert, so erhält er eine neue Dimension; man kann Feststellungen über ihn machen, zu denen man ohne ein festes Kriterium dafür, ob sich der Begriff in einem Fall anwenden läßt oder nicht, nur sehr schwer – wenn überhaupt – finden könnte. Der Begriff ›Beweis‹ ist keine Ausnahme; manchmal ist es vorgekommen, daß ein Beweis ein neues Prinzip verwendet – zum Beispiel das Auswahlaxiom – und daß Kontroversen darüber entstehen, ob das Prinzip gültig ist. Eine exakte Definition von ›Beweis‹ legt eigentlich genau fest, welche mathematischen Prinzipien verwendet werden und welche nicht.

Anderseits wird es, wenn man eine präzise Vorstellung davon hat, was ein ›Beweis‹ ist, dann besonders kritisch, wenn man nachweisen will, daß sich eine gegebene mathematische Aussage mit einer gegebenen Menge von Axiomen *nicht* beweisen läßt. Die Situation ist analog zu Konstruktionen mit Zirkel und Lineal in der euklidischen Geometrie: Wenn man zeigen will, daß eine bestimmte Konstruktion, beispielsweise die Dreiteilung eines Winkels, die Quadratur eines Kreises oder die Konstruktion eines Würfels mit dem doppelten Rauminhalt eines gegebenen Würfels *nicht* möglich ist, verlangt dies eine genauere Charakterisierung des Begriffes ›Konstruktion‹ als ein positives Ergebnis in der Form, daß eine gewisse Konstruktion mit Zirkel und Lineal möglich *ist*. Und ebenso ist es mit der Beweisbarkeit: Wenn man zeigen will, daß sich eine gegebene Aussage mit einer gegebenen Menge von Axiomen *nicht* beweisen läßt, verlangt dies eine genauere Charakterisierung des Begriffes *Beweis* als ein positives Ergebnis in der Form, daß sich eine gegebene Aussage mit dem Axiom beweisen *läßt*.«

Ein Gödelsches Rätsel

»Wenn wir ein Axiomensystem haben«, fuhr Fergusson fort, »so besteht ein Beweis in dem System aus einer endlichen Folge von Sätzen, die nach sehr präzisen Regeln konstruiert werden. Es ist eine einfache Sache, rein mechanisch zu entscheiden, ob eine bestimmte Folge von Sätzen in dem System ein Beweis ist oder nicht; tatsächlich ist es sehr einfach, eine Maschine zu konstruieren, die dies tut. Es ist jedoch etwas völlig anderes, eine Maschine zu konstruieren, die darüber entscheidet, welche Sätze eines Axiomensystems beweisbar sind und welche nicht. Ob man dies tun kann oder nicht, hängt, so nehme ich an, von dem Axiomensystem ab . . .

Zur Zeit interessiere ich mich für das mechanische Beweisen von Sätzen – das heißt, für Maschinen, die verschiedene mathematische Gültigkeiten beweisen. Hier ist meine letzte«, sagte Fergusson und zeigte stolz auf einen sehr merkwürdig aussehenden Apparat.

Craig und McCulloch standen einige Minuten vor der Maschine und versuchten herauszufinden, wie sie funktionierte.

»Was macht sie eigentlich?« fragte Craig schließlich.

»Sie beweist verschiedene Tatsachen über positive ganze Zahlen«, antwortete Fergusson. »Ich arbeite in einer Sprache, die für verschiedene Mengen von Zahlen – genauer, von positiven ganzen Zahlen – Namen enthält. Es gibt unendlich viele Mengen von Zahlen, die in dieser Sprache benennbar sind. Beispielsweise gibt es einen Namen für die Menge der geraden Zahlen, einen für die Menge der ungeraden Zahlen, einen für die Menge der Primzahlen, einen für die Menge aller Zahlen, die durch 3 teilbar sind – ja, jede Menge, für die sich Zahlentheoretiker interessieren, hat in dieser Sprache einen Namen. Obwohl es nun unendlich viele benennbare Mengen gibt, gibt es nicht mehr benennbare Mengen als positive ganze Zahlen. Und jeder positiven ganzen Zahl n ist eine bestimmte benennbare Menge A_n zugeordnet. Wir können uns also all die benennbaren Mengen in einer unendlichen Folge $A_1, A_2, \ldots, A_n \ldots$ angeordnet vorstellen. (Wenn ihr wollt, könnt ihr euch ein Buch mit unendlich vielen Seiten vorstellen, und für jede positive ganze Zahl n enthält die $n$te Seite eine Beschreibung einer Menge positiver ganzer Zahlen. Dann denkt euch die Menge A_n als die Menge, die auf Seite n des Buches beschrieben wird.)

Ich verwende das mathematische Symbol ›$\in$‹, das die Wendung ›gehört zu‹ oder ›ist ein Teil von‹ repräsentiert, und für jede Zahl x und jede

Zahl y haben wir den Satz $x \in A_y$, der gelesen wird ›x gehört zu der Menge A_y‹. Dies ist die einzige Art von Sätzen, die meine Maschine untersucht; die Funktion der Maschine ist, auszuprobieren und zu entdecken, welche Zahlen zu welchen benennbaren Mengen gehören.

Nun hat jeder Satz $x \in A_y$ eine *Codenummer*, das heißt, eine Zahl, die, wenn sie in der üblichen Zehnerbasis-Bezeichnung geschrieben wird, aus einer Reihe von Einsen mit der Länge x, gefolgt von einer Reihe von Nullen mit der Länge y besteht. Die Codenummer des Satzes $3 \in A_2$ beispielsweise ist 11100; die Codenummer von $1 \in A_5$ ist 100000. Für jedes beliebige x und y meine ich mit $x * y$ die Kodenummer des Satzes $x \in A_y$; somit besteht $x * y$ aus einer Reihe von Einsen der Länge x, gefolgt von einer Reihe von Nullen der Länge y.

Die Maschine arbeitet folgendermaßen«, fuhr Fergusson fort. »Immer, wenn sie entdeckt, daß eine Zahl x zu einer Menge A_y gehört, druckt sie die Zahl $x * y$ aus – die Codenummer des Satzes $x \in A_y$. Wenn die Maschine $x * y$ druckt, sage ich, daß die Maschine den Satz $x \in A_y$ *bewiesen* hat. Und ich sage, daß der Satz $x \in A_y$ *beweisbar* ist (durch die Maschine), wenn die Maschine in der Lage ist, die Zahl $x * y$ auszudrukken.

Nun weiß ich, daß meine Maschine immer genau ist in dem Sinn, daß jeder Satz, der durch die Maschine beweisbar ist, wahr ist.«

»Einen Augenblick, bitte«, unterbrach ihn Craig, »was meinen Sie mit *wahr*? Inwiefern unterscheidet sich *wahr* von beweisbar?«

»Oh«, entgegnete Fergusson, »die beiden Konzepte sind durchaus verschieden: Ich nenne einen Satz $x \in A_y$ *wahr*, wenn x tatsächlich ein Teil der Gruppe A_y ist. Das ist etwas grundlegend anderes, als zu sagen, daß die Maschine in der Lage ist, die Zahl $x * y$ auszudrucken. Wenn letzteres zutrifft, sage ich, daß der Satz $x \in A_y$ *beweisbar* ist – das heißt, durch die Maschine.«

»Oh, jetzt verstehe ich«, sagte Craig. »Mit anderen Worten, wenn Sie sagen, daß Ihre Maschine genau ist – daß jeder Satz, der durch die Maschine beweisbar ist, ein wahrer Satz ist –, so wollen Sie sagen, daß Ihre Maschine niemals eine Zahl $x * y$ ausdruckt, wenn x nicht wirklich ein Teil der Menge A_y ist. Ist das richtig?«

»Genau!« antwortete Fergusson.

»Sagen Sie«, fragte Craig, »woher wissen Sie eigentlich, daß Ihre Maschine immer genau ist?«

»Um das beantworten zu können«, antwortete Fergusson, »muß ich Ihnen alle Details der Maschine erklären. Also: Die Maschine arbeitet auf der Basis bestimmter Axiome über positive ganze Zahlen; diese Axiome sind in Form bestimmter Instruktionen in die Maschine einprogrammiert worden. Alle Axiome sind bekannte mathematische Wahrheiten. Die Maschine kann keine Aussagen beweisen, die nicht eine logische Folgerung aus den Axiomen sind. Da die Axiome alle wahr sind und jede logische Folgerung aus wahren Aussagen wahr sein muß, ist die Maschine außerstande, einen falschen Satz zu beweisen. Ich kann Ihnen die Axiome mitteilen, wenn Sie wollen, und dann können Sie selbst feststellen, daß die Maschine nur wahre Sätze beweisen kann.«

»Bevor Sie das tun«, sagte McCulloch, »möchte ich noch eine andere Frage stellen. Angenommen, ich wäre vorübergehend bereit, Ihnen zu glauben, daß jeder Satz, der durch die Maschine beweisbar ist, wahr ist. Wie steht es mit dem Gegenteil? Läßt sich jeder wahre Satz der Form $x \in A_y$ mit der Maschine beweisen? Mit anderen Worten, kann die Maschine *alle* wahren Sätze der Form $x \in A_y$ beweisen oder nur einige?«

»Eine ganz entscheidende Frage«, antwortete Fergusson, »nur kann ich sie leider nicht beantworten! Das ist genau das grundlegende Problem, das ich bislang nicht lösen konnte! Seit Monaten arbeite ich immer wieder daran, bin dabei aber keinen Schritt weitergekommen. Ich weiß genau, daß die Maschine jede Aussage $x \in A_y$ beweisen kann, die eine logische Folgerung aus den Axiomen ist, aber ich weiß nicht, ob ich genug Axiome einprogrammiert habe. Die betreffenden Axiome repräsentieren nur die Gesamtsumme dessen, was Mathematiker über das System positiver ganzer Zahlen wissen; jedoch reicht dieses Wissen vielleicht noch nicht aus, um vollständig ausmachen zu können, welche Zahlen x zu welchen benennbaren Mengen A_y gehören. Bislang habe ich festgestellt, daß jeder Satz $x \in A_y$, den ich untersucht und auf rein mathematischer Basis als wahr erkannt habe, eine logische Folgerung aus den Axiomen war und damit durch die Maschine bewiesen werden konnte. Die Tatsache, daß ich bislang noch nicht imstande war, einen wahren Satz zu finden, den die Maschine nicht beweisen kann, bedeutet jedoch noch nicht, daß es keinen gibt; es könnte sein, daß ich ihn einfach nicht gefunden habe. Es könnte aber auch sein, daß die Maschine alle wahren Sätze beweisen *kann*; nur ist es mir bisher nicht gelungen, diese Tatsache zu beweisen. Ich weiß es einfach nicht!«

Um es kurz zu machen, an dieser Stelle teilte Fergusson seinen beiden Freunden alle Axiome mit, die die Maschine benutzte, sowie die rein logischen Regeln, mit denen sie neue Sätze aus alten beweisen konnte. Nachdem Craig und McCulloch diese Details über die Arbeitsweise der Maschine kannten, konnten sie sofort erkennen, daß sie tatsächlich genau war – daß sie nur wahre Sätze bewies. Damit war jedoch noch nicht die Frage beantwortet, ob die Maschine alle wahren Sätze oder nur einige beweisen konnte. Im Verlauf der nächsten Monate trafen sich die drei Freunde mehrmals, und langsam aber sicher gingen sie dem Problem auf den Grund, bis sie es schließlich gelöst hatten.

Ich will den Leser nicht mit allen Einzelheiten belasten, sondern nur die anführen, die für die Lösung der Aufgabe relevant sind. Die entscheidende Wende bei ihrer Untersuchung trat ein, als die drei Männer drei Schlüsseleigenschaften der Maschine herausgearbeitet hatten; diese Eigenschaften reichten aus, um die Frage beantworten zu können. Ich glaube, es waren Craig und McCulloch, die die drei Eigenschaften als erste erkannten, aber es war Fergusson, der der Sache den letzten Schliff gab. Bevor ich mitteile, um welche Eigenschaften es sich handelt, will ich ein paar Worte über die Bezeichnungsweise vorausschicken.

Für jede Menge A von positiven ganzen Zahlen gibt es das Komplement $\bar{A}$, womit die Menge aller positiven ganzen Zahlen gemeint ist, die nicht in A enthalten sind. (Wenn beispielsweise A die Menge der geraden Zahlen ist, dann ist das Komplement $\bar{A}$ die Menge der ungeraden Zahlen; wenn A die Menge der Zahlen ist, die durch 5 teilbar sind, dann ist das Komplement $\bar{A}$ die Menge der Zahlen, die nicht durch 5 teilbar sind.)

Für jede Menge A von positiven ganzen Zahlen gibt es A^*, womit die Menge aller positiven ganzen Zahlen x gemeint ist, für die gilt, daß $x*x$ ein Teil von A ist. Die Feststellung über eine beliebige Zahl x, daß x in A^* liegt, ist somit äquivalent zu der Feststellung, daß $x*x$ in A liegt.

Hier sind nun die drei Schlüsseleigenschaften, die Craig und McCulloch über die Maschine herausfanden:

Eigenschaft 1: Die Menge A_8 ist die Menge aller Zahlen, die die Maschine drucken kann.

Eigenschaft 2: Für jede positive ganze Zahl n ist $A_{3 \cdot n}$ das Komplement von A_n. (Mit $3 \cdot n$ meinen wir 3 mal n.)

Eigenschaft 3: Für jede positive ganze Zahl n ist die Menge $A_{3 \cdot n+1}$ die Menge A_n^* (die Menge aller Zahlen x, für die gilt, daß $x*x$ zu A_n gehört).

1.

Aus den Eigenschaften 1, 2 und 3 läßt sich streng ableiten, daß Fergussons Maschine *nicht* alle wahren Sätze beweisen kann! Die Aufgabe für den Leser ist, einen Satz zu finden, der zwar wahr, aber durch die Maschine nicht beweisbar ist. Das heißt, wir müssen Zahlen n und m finden (entweder gleiche oder verschiedene), für die zutrifft, daß n zwar tatsächlich Teil der Menge A_m ist, die Codenummer $n*m$ des Satzes $n \in A_m$ jedoch unmöglich von der Maschine gedruckt werden kann.

2.

In der Lösung zu Aufgabe 1 sind die Zahlen n und m beide kleiner als 100. Es gibt noch eine andere Lösung, bei der n und m beide kleiner als 100 sind (und wieder können n und m gleiche oder verschiedene Zahlen sein; ich sage nicht, was von beidem zutrifft). Kann der Leser sie finden?

3.

Wie viele Lösungen gibt es, wenn wir bezüglich der Größe von n und m keine Einschränkungen machen? Das heißt, wie viele Sätze gibt es, die wahr, aber mit Fergussons Maschine nicht beweisbar sind?

Epilog

Fergusson gab die Hoffnung nicht so schnell auf, eine Maschine konstruieren zu können, die alle arithmetischen Wahrheiten beweisen konnte, ohne irgendwelche Falschheiten zu beweisen, und er konstruierte noch viele andere Logikmaschinen. (Einige davon waren sehr interessant, und ich hoffe, daß ich in einem weiteren Buch darüber berichten kann.) Aber für jede Maschine, die er konstruierte, entdeckten entweder er selbst oder Craig oder McCulloch einen wahren Satz, den die Maschine nicht beweisen konnte. Und so gab er schließlich den Versuch auf, ein rein mechanisches Gerät zu konstruieren, das sowohl genau war als auch alle wahren arithmetischen Sätze beweisen konnte.

Daß Fergussons heldenhafter Versuch fehlschlug, lag nicht etwa an seinem mangelnden Scharfsinn. Wir dürfen nicht vergessen, daß er einige Jahrzehnte vor den Entdeckungen solcher Logiker wie Gödel, Tarski, Kleene, Turing, Post, Church und anderer lebte, mit deren Arbeiten wir uns im folgenden befassen wollen. Hätte er zu Lebzeiten die Arbeiten dieser Wissenschaftler kennengelernt, so hätte er erkannt, daß sein Mißerfolg allein daher rührte, daß das, was er versuchte, von der Natur der Sache her unmöglich war! Und so, mit einem Abschiedsgruß an Fergusson und seine Kollegen Craig und McCulloch, überspringen wir drei oder vier Jahrzehnte und sehen uns im nächsten Kapitel das entscheidende Jahr 1931 an.

Lösungen

1. Eine Lösung ist, daß der Satz $75 \in A_{75}$ wahr ist, aber mit der Maschine nicht bewiesen werden kann. Hier ist die Begründung.
Angenommen, der Satz $75 \in A_{75}$ wäre falsch. Dann gehört 75 nicht zu der Menge A_{75}. Folglich muß 75 zu A_{25} gehören (laut Eigenschaft 2, die A_{75} zum Komplement von A_{25} macht). Das impliziert (laut Eigenschaft 3), daß $75 * 75$ zu A_8 gehört, da $25 = 3 \cdot 8 + 1$; und folglich, daß $75 * 75$ von der Maschine gedruckt werden kann; mit anderen Worten, daß $75 \in A_{75}$ mit der Maschine beweisbar ist. Wenn also der Satz $75 \in A_{75}$ falsch wäre, wäre er mit der Maschine beweisbar. Wir wissen jedoch, daß die Maschine genau ist und niemals falsche Sätze beweist. Daher kann der Satz $75 \in A_{75}$ nicht falsch sein; er muß wahr sein.
Da der Satz $75 \in A_{75}$ wahr ist, gehört 75 also zu der Menge A_{75}. Folglich kann 75 nicht zu der Menge A_{25} gehören (laut Eigenschaft 2), und folglich kann die Zahl $75 * 75$ nicht zu A_8 gehören, denn würde $75 * 75$ zu A_8 gehören, dann würde, laut Eigenschaft 3, 75 zu A_{25} gehören. Da $75 * 75$ nicht zu A_8 gehört, ist der Satz 75 A_{75} mit der Maschine nicht beweisbar. Und somit ist der Satz 75 A_{75} wahr, aber mit der Maschine nicht beweisbar.

2. Bevor wir andere Lösungen angeben, wollen wir die folgende allgemeine Tatsache betrachten: Die Schlüsselmenge K ist die Menge aller Zahlen x, für die gilt, daß der Satz $x \in A_x$ mit der Maschine nicht beweisbar ist – oder, was das gleiche ist, die Menge aller Zahlen x, für die gilt, daß $x*x$ von der Maschine nicht gedruckt werden kann. Nun ist A_{75} diese Menge K, denn die Aussage, daß x zu A_{75} gehört, ist äquivalent zu der Aussage, daß x nicht zu A_{25} gehört, was wiederum äquivalent ist zu der Aussage, daß $x*x$ nicht zu A_8 gehört, was die Menge aller Zahlen ist, die die Maschine drucken *kann*. Also ist $A_{75} = K$. Aber ebenfalls ist $A_{73} = K$, denn die Aussage, daß eine Zahl x zu A_{73} gehört, ist äquivalent zu der Aussage, daß $x*x$ zu A_{24} gehört (laut Eigenschaft 3, da $73 = 3 \cdot 24 + 1$), was wiederum äquivalent ist zu der Aussage, daß $x*x$ nicht zu A_8 gehört (laut Aussage 2). Somit ist A_{73} die Menge aller Zahlen x, für die gilt, daß $x*x$ nicht zu A_8 gehört – oder, was das gleiche ist, für die gilt, daß $x \in A_x$ mit der Maschine nicht beweisbar ist. Somit ist A_{73} die gleiche Menge wie A_{75}, da beide das gleiche sind wie die Menge K. Außerdem muß, wenn wir eine beliebige Zahl n haben, für die gilt, daß $A_n = K$, der Satz $n \in A_n$ wahr, aber mit der Maschine nicht beweisbar sein – im wesentlichen mit dem gleichen Argument wie bei dem speziellen Fall $n = 75$ (ein Argument, das wir im folgenden Kapitel in einer noch allgemeineren Form anführen wollen). Somit ist $73 \in A_{73}$ ein weiteres Beispiel für einen wahren Satz, dessen Codenummer die Maschine nicht drucken kann.

3. Für jedes beliebige n muß die Menge $A_{9 \cdot n}$ die gleiche sein wie die Menge A_n, denn $A_{9 \cdot n}$ ist das Komplement von $A_{3 \cdot n}$, und $A_{3 \cdot n}$ ist das Komplement von A_n; folglich ist $A_{9 \cdot n}$ die gleiche Menge wie A_n. Und somit ist A_{675} die gleiche Menge wie A_{75}, und daher ist $675 \in A_{675}$ eine weitere Lösung. Auch $2175 \in A_{2175}$ ist eine Lösung. Tatsächlich gibt es unendlich viele wahre Sätze, die Fergussons Maschine nicht beweisen kann: Für jedes beliebige n, das 75mal ein Mehrfaches von 9 oder 73mal ein Mehrfaches von 9 ist, ist der Satz $n \in A_n$ wahr, aber mit der Maschine nicht beweisbar.

15
Beweisbarkeit und Wahrheit

Das Jahr 1931 war tatsächlich ein wichtiger Meilenstein in der Geschichte der mathematischen Logik; es war das Jahr, in dem Kurt Gödel seinen berühmten Unvollständigkeitssatz veröffentlichte. Kurt Gödel beginnt seine epochemachende Arbeit »Über formal unentscheidbare Sätze der Principia Mathematica und verwandter Systeme I« (in: Monatshefte für Mathematik und Physik 38, 173–198) mit folgenden Sätzen:

Die Entwicklung der Mathematik in der Richtung zu größerer Exaktheit hat bekanntlich dazu geführt, daß weite Gebiete von ihr formalisiert wurden, in der Art, daß das Beweisen nach einigen wenigen mechanischen Regeln vollzogen werden kann. Die umfassendsten derzeit aufgestellten formalen Systeme sind das System der *Principia Mathematica* von Whitehead und Russell einerseits, das Zermelo-Fraenkelsche Axiomensystem der Mengenlehre andererseits. Diese beiden Systeme sind so weit, daß alle heute in der Mathematik angewendeten Beweismethoden in ihnen formalisiert, d. h. auf einige wenige Axiome und Schlußregeln zurückgeführt sind. Es liegt daher die Vermutung nahe, daß diese Axiome und Schlußregeln dazu ausreichen, *alle* mathematischen Fragen, die sich in den betreffenden Systemen überhaupt formal ausdrücken lassen, auch zu entscheiden. Im folgenden wird gezeigt, daß dies nicht der Fall ist, sondern daß es in den beiden angeführten Systemen sogar relativ einfache Probleme aus der Theorie der gewöhnlichen ganzen Zahlen gibt, die sich aus den Axiomen nicht entscheiden lassen.

Gödel erklärt dann weiter, daß dieser Umstand nicht an der speziellen Natur der beiden genannten Systeme liegt, sondern für eine sehr weite Klasse mathematischer Systeme gilt.

Doch was ist unter dieser »sehr weiten Klasse« mathematischer Systeme zu verstehen? Es hat diverse Interpretationen gegeben, und Gödels Satz ist dementsprechend auf verschiedene Weise generalisiert worden. Seltsamerweise ist einer der Wege, der für den fachlich nicht vorgebildeten Leser am direktesten und leichtesten zugänglich ist, auch derjenige, der am wenigsten bekannt zu sein scheint. Die Sache wird dadurch noch merkwürdiger, daß der fragliche Weg genau der ist, auf den Gödel selbst in dem einleitenden Teil seiner Arbeit hingewiesen hat! Und dem wenden wir uns jetzt zu.

Wir wollen uns ein Axiomensystem mit folgenden Eigenschaften vorstellen: Zunächst einmal haben wir Namen für verschiedene Mengen (positiver ganzer) Zahlen, und wir haben all diese benennbaren Mengen in einer unendlichen Folge $A_1, A_2, \ldots, A_n, \ldots$ angeordnet (genau wie bei Fergussons System im letzten Kapitel). Wir wollen eine Zahl n als *Index* einer benennbaren Menge A bezeichnen, wenn $A = A_n$. (Wenn also beispielsweise die Mengen A_2, A_7 und A_{13} zufällig gleich sind, so sind 2,7 und 13 Indizes dieser Menge.) Wie bei Fergussons System haben wir jeder Zahl x und jeder Zahl y einen bestimmten Satz zugeordnet – geschrieben $x \in A_y$ –, der *wahr* genannt wird, wenn x zu A_y gehört, und *falsch,* wenn x nicht zu A_y gehört. Wir nehmen jedoch nicht mehr an, daß die Sätze $x \in A_y$ die einzigen Sätze des Systems sind; es kann auch andere geben. Aber jeder andere derartige Satz wird entweder als wahr oder als falsch klassifiziert.

Jedem Satz des Systems ist eine Codenummer zugeordnet, die wir im folgenden seine *Gödelsche Zahl* nennen wollen, und $x * y$ soll die Gödelsche Zahl für den Satz $x \in A_y$ sein. (Wir müssen nicht länger annehmen, daß $x * y$ aus einer Folge von Einsen mit der Länge x besteht, gefolgt von einer Folge von Nullen mit der Länge y. Dies entspricht keinesfalls der Zuordnung von Codenummern, wie sie Gödel tatsächlich vorgenommen hat. Viele verschiedene Zuordnungen von Codezahlen sind möglich, und welche davon am vorteilhaftesten ist, hängt von dem jeweiligen besonderen System ab, um das es geht. Für den allgemeinen Satz, den wir beweisen wollen, müssen wir jedoch keine Annahmen über die besondere Gödelsche Numerierung machen.)

Bestimmte Sätze werden als *Axiome* des Systems angenommen, und bestimmte Regeln werden festgelegt, die uns erlauben, verschiedene Sätze mit den Axiomen zu beweisen. Es gibt also die wohldefinierte Eigenschaft eines Satzes, in dem System *beweisbar* zu sein. Es wird angenommen, daß das System *korrekt* ist in dem Sinn, daß jeder Satz, der in dem System beweisbar ist, wahr ist; insbesondere, daß dann, wenn ein Satz $x \in A_y$ in dem System beweisbar ist, x wirklich ein Teil der Menge A_y ist.

P soll die Menge der Gödelschen Zahlen aller Sätze sein, die in dem System beweisbar sind. Für jede beliebige Menge A von Zahlen soll wieder $\bar{A}$ das Komplement von A sein (die Menge aller Zahlen, die nicht in A enthalten sind), und A^* soll die Menge aller Zahlen x sein, für die gilt, daß $x * x$ zu A gehört. Unser Interesse gilt jetzt Systemen, die folgende Bedingungen G1, G2 und G3 erfüllen:

G1: Die Menge P ist in dem System benennbar. Wir können auch sagen, daß es mindestens eine Zahl p gibt, für die gilt, daß A_p die Menge der Gödelschen Zahlen der beweisbaren Sätze ist. (In Fergussons System war 8 eine solche Zahl p.)

G2: Das Komplement jeder Menge, die in dem System benennbar ist, ist ebenfalls in dem System benennbar. Anders gesagt, für jede Zahl x gibt es eine Zahl x', für die gilt, daß $A_{x'}$ das Komplement von A_x ist. (In Fergussons System war $3 \cdot x$ eine solche Zahl x'.)
G3: Für jede benennbare Menge A ist $A*$ in dem System ebenfalls benennbar. Anders gesagt, für jede Zahl x gibt es eine Zahl $x*$, für die gilt, daß A_{x*} die Menge aller Zahlen n ist, für die gilt, daß $n*n$ in A_x liegt. (In Fergussons System war $3 \cdot x + 1$ eine solche Zahl $x*$.)
Die Bedingungen F1, F2 und F3, die Fergussons Maschine kennzeichnen, sind offensichtlich nichts anderes als spezielle Fälle der Bedingungen G1, G2 und G3. Diese letzteren allgemeinen Bedingungen sind von besonderer Bedeutung, weil sie für eine große Gruppe mathematischer Systeme gelten, die beiden in Gödels Arbeit behandelten Systeme eingeschlossen. Das heißt, es ist möglich, alle benennbaren Gruppen in einer unendlichen Folge $A_1, A_2, \ldots, A_n, \ldots$ anzuordnen und eine bestimmte Gödelsche Numerierung der Sätze so anzubringen, daß die Bedingungen G1, G2 und G3 zutreffen. Deshalb läßt sich all das, was sich für Systeme, die die Bedingungen G1, G2 und G3 erfüllen, beweisen läßt, auf viele wichtige Systeme übertragen.
Wir können jetzt die folgende abstrakte Form von Gödels Satz behaupten und beweisen.
Satz G: Für jedes beliebige korrekte System, das die Bedingungen G1, G2 und G3 erfüllt, muß es einen Satz geben, der wahr, aber in dem System nicht beweisbar ist.
Der Beweis von Satz G ist eine direkte Generalisierung des Beweises, den der Leser bereits von Fergussons System kennt: K soll die Menge aller Zahlen x sein, für die gilt, daß $x*x$ nicht in der Menge P enthalten ist. Da P benennbar ist (laut G1), gilt dies auch für sein Komplement $\overline{P}$ (laut G2) und somit auch für die Menge $\overline{P}*$ (laut G3); aber $\overline{P}*$ ist die Menge K (da $\overline{P}*$ die Menge aller Zahlen x ist, für die gilt, daß $x*x$ in $\overline{P}$ enthalten ist, oder, was das gleiche ist, die Menge aller Zahlen x, für die gilt, daß $x*x$ nicht in P liegt). Und somit ist die Menge K in dem System benennbar, was bedeutet, daß $K = A_k$ für mindestens eine Zahl k. (In Fergussons System war 73 eine solche Zahl k, und 75 ebenfalls.) Somit ist für jede beliebige Zahl x die Wahrheit des Satzes $x \in A_k$ gleichbedeutend mit der Aussage, daß $x*x$ nicht in P enthalten ist, was darauf hinausläuft, daß der Satz $x \in A_x$ nicht beweisbar ist (in dem System). Insbesondere, wenn wir für x die Zahl k einsetzen, ist die Wahrheit des Satzes $k \in A_k$ gleichbedeutend mit seiner Unbeweisbarkeit in dem System, und das heißt, daß er entweder wahr und in dem

System nicht beweisbar ist, oder falsch, aber in dem System beweisbar. Die letztere Möglichkeit scheidet aus, da wir wissen, daß das System korrekt ist; folglich muß es so sein, daß ersteres zutrifft – der Satz ist wahr, aber in dem System nicht beweisbar.

Diskussion: In »Wie heißt dieses Buch?« habe ich mich mit der analogen Situation einer Insel befaßt, auf der jeder Bewohner entweder ein *Ritter* ist, der immer die Wahrheit sagt, oder ein *Schurke*, der immer lügt. Bestimmte Ritter werden als *etablierte* Ritter bezeichnet, und bestimmte Schurken werden *etablierte* Schurken genannt. (Die Ritter entsprechen den *wahren* Sätzen, und die etablierten Ritter entsprechen den Sätzen, die nicht nur wahr, sondern *beweisbar* sind.) Nun ist es keinem der Inselbewohner möglich zu sagen »Ich bin kein Ritter«, weil ein Ritter niemals lügen und behaupten würde, er sei kein Ritter, und ein Schurke würde niemals wahrheitsgemäß zugeben, daß er kein Ritter ist. Ein Einwohner *kann* jedoch sagen »Ich bin kein etablierter Ritter«. Wenn er das sagt, entsteht kein Widerspruch, aber es folgt etwas Interessantes daraus – nämlich, daß der Sprecher *tatsächlich* ein Ritter sein muß, aber kein etablierter Ritter sein kann. Denn ein Schurke würde niemals wahrheitsgemäß aussagen, daß er kein etablierter Ritter ist (weil er tatsächlich keiner ist), also muß der Sprecher ein Ritter sein. Da er ein Ritter ist, muß seine Aussage wahr sein; also ist er ein Ritter, aber, wie er sagt, kein etablierter Ritter – ebenso wie der Satz $k \in A_k$, der seine eigene Nichtbeweisbarkeit in dem System behauptet, wahr und in dem System nicht beweisbar sein muß.

Gödelsche Sätze und Tarskis Lehrsatz

Wir wollen jetzt ein System betrachten, das mindestens die Bedingungen G2, G3 erfüllt (Bedingung G1 ist vorläufig nicht relevant). Wir haben P als die Menge der Gödelschen Zahlen der beweisbaren Sätze in dem System definiert; wir wollen jetzt T definieren als die Menge der Gödelschen Zahlen aller *wahren* Sätze in dem System. Im Jahr 1933 hat der Logiker Alfred Tarski folgende Frage gestellt und beantwortet: Ist die Menge T in dem System benennbar oder nicht? Diese Frage kann rein auf der Grundlage der Bedingungen G2 und G3 beantwortet werden. Ich will die Antwort gleich anführen, aber wir wollen uns vorher einer noch grundlegenderen Frage nach Systemen zuwenden, die zumindest Bedingung G3 erfüllen.

Wenn wir einen beliebigen Satz X und eine beliebige Menge A von positiven ganzen Zahlen haben, wollen wir X einen *Gödelschen Satz* für A nennen, wenn entweder X wahr ist und seine Gödelsche Zahl in A liegt, oder wenn X falsch ist und seine Gödelsche Zahl außerhalb von A liegt. (Man kann sich einen solchen Satz so denken, daß er aussagt, seine eigene Gödelsche Zahl liege in A; wenn der Satz wahr ist, liegt seine Gödelsche Zahl tatsächlich in A; wenn der Satz falsch ist, liegt seine Gödelsche Zahl nicht in A.) Nun wollen wir ein System dann als *Gödelsches System* bezeichnen, wenn es für jede Menge A, die in dem System benennbar ist, zumindest einen Gödelschen Satz für A gibt.

Folgendes Faktum ist grundlegend:

Satz C: Wenn ein System Bedingung G3 erfüllt, ist es ein Gödelsches System.

1.

Beweise Satz C.

2.

Um einen speziellen Fall zu nehmen, betrachten wir Fergussons System. Suche einen Gödelschen Satz für die Menge A_{100}.

3.

Angenommen, ein System ist ein Gödelsches (ohne daß es notwendigerweise Bedingung G3 erfüllt). Wenn das System korrekt ist und die Bedingungen G1 und G2 erfüllt, enthält es dann notwendigerweise einen Satz, der wahr, aber in dem System nicht beweisbar ist?

4.

T soll die Menge der Gödelschen Zahlen der wahren Sätze sein. Gibt es einen Gödelschen Satz für T? Gibt es einen Gödelschen Satz für $\overline{T}$, das Komplement von T?
Wir sind jetzt gut darauf vorbereitet, Tarskis Frage zu beantworten. Das Folgende ist eine abstrakte Version von Tarskis Lehrsatz.
Satz T: Für jedes System, das die Bedingungen G2 und G3 erfüllt, ist die Menge T der Gödelschen Zahlen der wahren Sätze in dem System *nicht* benennbar.
Anmerkung: Anstelle von *benennbar* wird zuweilen das Wort *definierbar* benutzt, und Satz T wird manchmal folgendermaßen wiedergegeben: Für hinreichend reichhaltige Systeme ist Wahrheit innerhalb des Systems nicht innerhalb des Systems definierbar.

5.

Beweise Satz T.

6.

Es ist aufschlußreich zu sehen, daß man, wenn man Satz T erst einmal bewiesen hat, sofort Satz G als Folgesatz erhält. Kann der Leser erkennen, auf welche Weise?

Eine doppelte Form von Gödels Argument

Die verschiedenen Systeme, deren Unvollständigkeit mit Gödels Argument bewiesen wurde, haben auch die Eigenschaft, daß jedem Satz X ein Satz X′ zugeordnet ist, der die *Negation* von X genannt wird und der wahr ist dann und nur dann, wenn X falsch ist. Ein Satz X wird in dem System *widerlegbar* genannt, wenn seine Negation X′ in dem System beweisbar ist. Unter der Annahme, daß das System korrekt ist, ist kein falscher Satz in dem System beweisbar, und kein wahrer Satz ist widerlegbar.

Wir haben gesehen, daß die Bedingungen G1, G2, G3 die Existenz eines Gödelschen Satzes G für die Menge $\overline{P}$ implizieren und daß ein solcher Satz G wahr, aber in dem System nicht beweisbar ist (unter der Annahme, daß es korrekt ist). Da G wahr ist, kann der Satz in dem System auch nicht widerlegt werden (wieder unter der Annahme seiner Korrektheit). Also ist der Satz G in dem System weder beweisbar noch widerlegbar. (Ein solcher Satz wird in dem System als *unentscheidbar* bezeichnet.)
In einer 1960 erschienenen Monographie »Theory of Formal Systems« habe ich eine »doppelte« Form von Gödels Argument angeführt: Wie wäre es, anstelle eines Satzes, der seine eigene Nichtbeweisbarkeit behauptet, einen Satz zu bilden, der seine eigene Widerlegbarkeit behauptet? Genauer gesagt, R soll die Menge der Gödelschen Zahlen für die widerlegbaren Sätze sein. Angenommen, X ist ein Gödelscher Satz für R; welchen Status hat X? Dieser Gedanke wird in der nächsten Aufgabe ausgeführt.

7.

Wir wollen jetzt ein korrektes System betrachten, das Bedingung G3 erfüllt, aber anstelle der Bedingungen G1, G2 nehmen wir die folgende einfache Bedingung an:
G1′: Die Menge R ist in dem System benennbar.
(Wir nehmen also an, daß das System korrekt ist und die Bedingungen G1′ und G3 erfüllt.)

(a) Beweise, daß es einen Satz gibt, der in dem System weder bewiesen noch zurückgewiesen werden kann.
(b) Um einen speziellen Fall zu nehmen, gehen wir davon aus, daß folgende Bedingungen gegeben sind: A_{10} ist die Menge R, und für jede beliebige Zahl n ist $A_{5 \cdot n}$ die Menge aller x, für die gilt, daß $x * x$ in A_n ist (dies ist ein spezieller Fall von G3). Die Aufgabe besteht nun darin, tatsächlich einen Satz zu finden, der in dem System weder bewiesen noch zurückgewiesen werden kann, und festzustellen, ob der Satz wahr oder falsch ist.

Anmerkungen
(1) Gödels Methode, einen unentscheidbaren Satz zu erhalten, läuft darauf hinaus, einen Gödelschen Satz für $\overline{P}$, das Komplement von P, zu bilden; ein solcher Satz (den man sich so denken kann, daß er seine

eigene Nichtbeweisbarkeit behauptet) muß wahr, darf aber in dem System nicht beweisbar sein. Die »doppelte« Methode läuft darauf hinaus, einen Gödelschen Satz für die Menge R und nicht für die Menge $\overline{P}$ zu bilden; ein solcher Satz (den man sich so denken kann, daß er seine eigene Widerlegbarkeit behauptet) muß falsch, darf aber nicht widerlegbar sein. (Da er falsch ist, ist er auch nicht beweisbar, folglich ist er in dem System unentscheidbar.) Ich sollte erwähnen, daß die Systeme, die Gödel in seiner ursprünglichen Arbeit behandelt, alle vier Bedingungen G1, G2, G3 und G1′ erfüllen, so daß sich beide Methoden dazu verwenden lassen, unentscheidbare Sätze zu bilden.

(2) So wie ein Satz, der seine Nichtbeweisbarkeit behauptet, einem Bewohner einer von Rittern und Schurken bewohnten Insel entspricht, der aussagt, kein etablierter Ritter zu sein, entspricht ein Satz, der seine eigene Widerlegbarkeit behauptet, einem Bewohner der Insel, der aussagt, ein etablierter *Schurke* zu sein; solch ein Bewohner ist tatsächlich ein Schurke, aber kein etablierter. (Ich überlasse den Beweis dafür dem Leser.)

Lösungen

1. Angenommen, das System erfüllt Bedingung G3. S soll eine beliebige Menge sein, die in dem System benennbar ist. Dann ist, G3 zufolge, die Menge S^* in dem System benennbar. Also gibt es eine Zahl b, für die gilt, daß $A_b = S^*$. Nun gehört eine Zahl x genau dann zu S^*, wenn $x{*}x$ zu S gehört. Also gehört eine Zahl x genau dann zu A_b, wenn $x{*}x$ zu S gehört. Insbesondere, wenn wir für x die Zahl b einsetzen, gehört b genau dann zu A_b, wenn $b{*}b$ zu S gehört. Auch gehört b zu A_b dann und nur dann, wenn der Satz $b \in A_b$ wahr ist. Also ist $b \in A_b$ wahr dann und nur dann, wenn $b{*}b$ zu S gehört. Außerdem ist $b{*}b$ die Gödelsche Zahl für den Satz $b \in A_b$. Und so sehen wir, daß $b \in A_b$ wahr ist dann und nur dann, wenn seine Gödelsche Zahl zu S gehört. Also gehört, wenn $b \in A_b$ wahr ist, seine Gödelsche Zahl zu S; wenn $b \in A_b$ falsch ist, gehört seine Gödelsche Zahl nicht zu S. Somit ist der Satz $b \in A_b$ ein Gödelscher Satz für S.

2. In Fergussons System ist für eine beliebige Zahl n $A_{3 \cdot n+1}$ die Menge A_n^*. Also ist A_{301} die Menge A_{100}^*. Also verwenden wir das Ergebnis der letzten Aufgabe und setzen für *b* die Zahl 301 ein. Somit ist $301 \in A_{301}$ ein Gödelscher Satz für die Menge A_{100}. Allgemeiner gesagt, für jede beliebige Zahl *n* ist, wenn $b = 3 \cdot n+1$, der Satz $b \in A_b$ ein Gödelscher Satz für A_n in Fergussons System.

3. Ja, es enthält einen solchen Satz: Angenommen, das System ist ein Gödelsches und die Bedingungen G1 und G2 treffen beide zu, und ferner angenommen, daß das System korrekt ist. G1 zufolge ist die Menge P benennbar; folglich ist, G2 zufolge, $\overline{P}$, das Komplement von P, benennbar. Dann gibt es, da das System ein Gödelsches ist, einen Gödelschen Satz X für $\overline{P}$. Das bedeutet, daß X wahr ist dann und nur dann, wenn X's Gödelsche Zahl in $\overline{P}$ enthalten ist. Aber zu sagen, daß X's Gödelsche Zahl in $\overline{P}$ ist, ist gleichbedeutend damit zu sagen, daß es nicht in P ist, was das gleiche ist wie zu sagen, daß X nicht beweisbar ist. Somit ist ein Gödelscher Satz für $\overline{P}$ nicht mehr oder weniger als ein Satz, der wahr ist dann und nur dann, wenn er in dem System nicht beweisbar ist, und (wie wir gesehen haben) ein solcher Satz muß wahr, aber in dem System nicht beweisbar sein (unter der Voraussetzung, daß das System korrekt ist).
Tatsächlich ist der Kern von Gödels Argument die Bildung eines Gödelschen Satzes für die Menge $\overline{P}$.

4. Offensichtlich ist jeder Satz X ein Gödelscher Satz für T, denn wenn X wahr ist, ist seine Gödelsche Zahl in T, und wenn X falsch ist, ist seine Gödelsche Zahl nicht in T. Deshalb kann *kein* Satz ein Gödelscher Satz für $\overline{T}$ sein, weil es nicht sein kann, daß entweder X wahr und seine Gödelsche Zahl in $\overline{T}$ ist oder daß X falsch und seine Gödelsche Zahl nicht in $\overline{T}$ ist.
Es könnte für den Leser aufschlußreich sein festzustellen, daß für *jede beliebige* Zahlenmenge A und für jeden beliebigen Satz X gilt, daß X entweder ein Gödelscher Satz für A ist oder daß X ein Gödelscher Satz für $\overline{A}$ ist, niemals jedoch beides.

5. Wir wollen zuerst ein beliebiges System betrachten, das Bedingung G3 erfüllt. Laut Aufgabe 1 gibt es für jede Menge, die in dem System benennbar ist, einen Gödelschen Satz. Außerdem gibt es, laut Aufgabe 4, keinen Gödelschen Satz für die Menge $\overline{T}$. Daher ist, wenn das System G3 erfüllt, die Menge $\overline{T}$ in dem System nicht benennbar. Wenn das System außerdem Bedingung G2 erfüllt, ist T in dem System ebenfalls nicht benennbar – denn wäre es das, so wäre, laut G2, sein Kom-

plement $\bar{T}$ benennbar, was nicht der Fall ist. Das beweist, daß in einem System, das G2 und G3 erfüllt, die Menge T in dem System nicht benennbar ist.
Fassen wir zusammen: (a) Wenn G3 gilt, ist $\bar{T}$ nicht benennbar; (b) wenn G2 und G3 beide gelten, ist weder T noch $\bar{T}$ in dem System benennbar.

6. Wenn wir zuerst Satz T bewiesen haben, erhalten wir Satz G auf folgendem Weg:
Angenommen, wir haben ein korrektes System, das die Bedingungen G1, G2, G3 erfüllt. Wenn wir Satz T benutzen, ersehen wir aus G2 und G3, daß T in dem System nicht benennbar ist. Aber laut G1 *ist* P in dem System benennbar. Da P benennbar ist und T nicht, müssen P und T verschiedene Mengen sein. Jedoch ist jede Zahl aus P auch in T enthalten, da wir wissen, daß das System korrekt ist insofern, daß jeder beweisbare Satz wahr ist. Da T also nicht die gleiche Menge ist wie P, muß es zumindest eine Zahl n in T geben, die nicht in P ist. Da n in T ist, muß es die Gödelsche Zahl für einen Satz X sein, der wahr ist. Da n jedoch nicht in P ist, ist X in dem System nicht beweisbar. Somit ist X wahr, aber in dem System nicht beweisbar. Somit gilt Satz G.

7. Die Bedingungen G1′ und G3 sind gegeben.
(a) Laut G1′ ist die Menge R in dem System benennbar. Also ist, Bedingung G3 zufolge, die Menge R* in dem System benennbar. Folglich gibt es eine Zahl h, für die gilt, daß $A_h = R*$. Nun ist auf Grund der Definition von R* eine Zahl x in R* dann und nur dann, wenn $x{*}x$ in R ist. Daher gilt für jedes beliebige x, daß x zu A_h gehört dann und nur dann, wenn $x{*}x$ zu R gehört. Insbesondere gilt, daß, wenn wir für x h einsetzen, h zu A_h gehört dann und nur dann, wenn $h{*}h$ zu R gehört. Nun gehört h zu A_h dann und nur dann, wenn der Satz $h \in A_h$ wahr ist. Außerdem, da $h{*}h$ die Gödelsche Zahl für den Satz $h \in A_h$ ist, gehört $h{*}h$ zu R dann und nur dann, wenn der Satz $h \in A_h$ widerlegbar ist. Deshalb ist der Satz $h \in A_h$ wahr dann und nur dann, wenn er widerlegbar ist. Das bedeutet, daß der Satz entweder wahr und widerlegbar oder falsch und nicht widerlegbar ist. Er kann nicht wahr und widerlegbar sein, da vorausgesetzt ist, daß die Maschine korrekt ist; folglich muß er falsch, aber nicht widerlegbar sein. Da der Satz falsch ist, kann er auch nicht beweisbar sein (wiederum deshalb, weil das System korrekt ist). Daher ist der Satz $h \in A_h$ weder beweisbar noch widerlegbar (und außerdem falsch).

(b) Wir wissen, daß A_{10} die Menge R ist, und außerdem, daß für jedes beliebige *n* gilt, daß $A_{5 \cdot n}$ die Menge A_{n*} ist. Daher ist A_{50} die Menge R_*. Und somit ist, Lösung (a) zufolge, wenn wir für *h* die Zahl 50 einsetzen, der Satz $50 \in A_{50}$ weder beweisbar noch widerlegbar. Außerdem ist der Satz falsch.

16

Maschinen, die über sich selbst sprechen

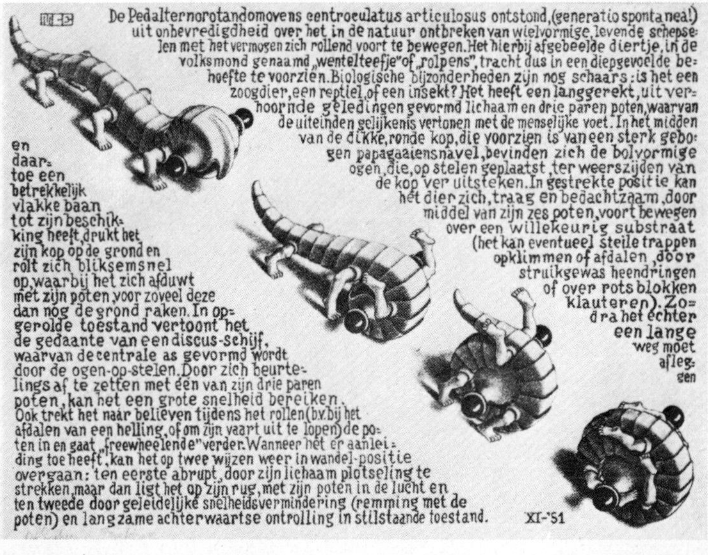

Im folgenden werden wir Gödels Argument aus einer etwas anderen Perspektive betrachten, die den zentralen Gedanken in ein besonders klares Licht rückt.

Wir nehmen die vier Symbole D,N,A, – und betrachten alle möglichen Kombinationen dieser Symbole. Unter einem *Ausdruck* verstehen wir jede Kombination der Symbole. Beispielsweise ist D – – NA – D ein Ausdruck; – DN – – A – D – ist ebenfalls einer. Bestimmten Ausdrükken wird eine Bedeutung zugeordnet, und diese Ausdrücke wollen wir *Sätze* nennen.

Angenommen, wir haben eine Maschine, die einige Ausdrücke drukken kann, andere jedoch nicht. Wir bezeichnen einen Ausdruck als *druckfähig*, wenn die Maschine ihn drucken kann. Wir nehmen an, daß jeder Ausdruck, den die Maschine drucken kann, früher oder später gedruckt wird. Wenn wir einen beliebigen Ausdruck X haben und die Aussage machen wollen, daß X druckfähig ist, so schreiben wir D – X. Beispielsweise besagt D – ANN, daß ANN druckfähig ist (das kann wahr oder falsch sein, aber so ist jedenfalls die Aussage!). Wenn wir sagen wollen, daß X *nicht* druckfähig ist, schreiben wir ND – X. (Das Symbol N ist die Abkürzung für das Wort *nicht*, und das Symbol D repräsentiert das Wort *druckfähig*. Also liest sich ND – X, wörtlich genommen, »Nicht druckfähig X«, oder in besserem Deutsch, »X ist nicht druckfähig.«)

Unter der *assoziierten Größe* eines Ausdrucks X verstehen wir den Ausdruck X – X. Wir verwenden das Symbol A anstelle von »die assoziierte Größe von«, und so schreiben wir für jedes gegebene X, wenn wir feststellen wollen, daß die assoziierte Größe von X druckfähig ist, den Ausdruck DA – X (zu lesen als »druckfähig die assoziierte Größe von X«, oder in besserem Deutsch »die assoziierte Größe von X ist druckfähig«). Wenn wir sagen wollen, daß die assoziierte Größe von X *nicht* druckfähig ist, so schreiben wir NDA – X (zu lesen als »nicht druckfähig die assoziierte Größe von X«, oder in besserem Deutsch »die assoziierte Größe von X ist nicht druckfähig«).

Der Leser wird sich vielleicht fragen, warum wir den Gedankenstrich als Symbol verwenden: Warum verwenden wir nicht einfach DX anstelle von D – X, um auszudrücken, daß X druckfähig ist? Der Grund liegt darin, daß das Auslassen des Gedankenstrichs Mehrdeutigkeit zur Folge hätte. Was würde beispielsweise DAN bedeuten? Würde es bedeuten, daß die assoziierte Größe von N druckfähig ist oder daß der Ausdruck AN druckfähig ist? Die Verwendung von Gedankenstrichen schaltet solche Mehrdeutigkeit aus. Wenn wir sagen wollen, daß die assoziierte Größe von N druckfähig ist, schreiben wir DA – N; wenn wir hingegen sagen wollen, daß AN druckfähig ist, schreiben wir D – AN. Angenommen, wir wollen sagen, daß – X druckfähig ist; schreiben wir dann D – X? Nein, das würde besagen, daß X druckfähig ist. Um zu sagen, daß – X druckfähig ist, müssen wir schreiben D – – X.

Vielleicht machen einige weitere Beispiele die Sache deutlicher: D – – besagt, daß – druckfähig ist; DA – – besagt, daß – – – (die assoziierte Größe von –) druckfähig ist; D – – – – besagt ebenfalls, daß – – – druckfähig ist; NDA – – D – A besagt, daß die assoziierte Größe von – D – A nicht druckfähig ist; mit anderen Worten, daß – D – A – – D – A nicht druckfähig ist. ND – – D – A – – D – A besagt das gleiche.

Wir definieren nun einen *Satz* als beliebigen Ausdruck in einer der vier Formen D – X, ND – X, DA – X und NDA – X, wobei X ein beliebiger Ausdruck ist. Wir bezeichnen D – X als *wahr*, wenn X druckfähig ist, und als *falsch*, wenn X nicht druckfähig ist. Wir bezeichnen ND – X als wahr, wenn X *nicht* druckfähig ist, und als falsch, wenn X druckfähig *ist*. Wir bezeichnen DA – X als wahr, wenn die assoziierte Größe von X druckfähig ist, und als falsch, wenn die assoziierte Größe von X nicht druckfähig ist. Schließlich bezeichnen wir NA – X als wahr, wenn die assoziierte Größe von X nicht druckfähig ist, und als falsch, wenn die assoziierte Größe druckfähig ist. Wir haben nun eine genaue Definition von Wahrheit und Falschheit für Sätze aller vier Arten, und daraus folgt für jeden beliebigen Ausdruck X:

Gesetz 1: D – X ist wahr dann und nur dann, wenn X druckfähig ist (mit der Maschine).

Gesetz 2: DA – X ist wahr dann und nur dann, wenn X – X druckfähig ist.

Gesetz 3: ND – X ist wahr dann und nur dann, wenn X nicht druckfähig ist.

Gesetz 4: NDA – X ist wahr dann und nur dann, wenn X – X nicht druckfähig ist.

Damit hat sich eine merkwürdige Schleife ergeben! Die Maschine druckt Sätze aus, die Aussagen darüber machen, was die Maschine drucken kann und was nicht! In diesem Sinn spricht die Maschine über sich selbst (oder, genauer gesagt, sie druckt Sätze über sich selbst aus).

Nun erfahren wir, daß die Maschine hundertprozentig genau ist – das

heißt, sie druckt niemals einen falschen Satz aus; sie druckt nur wahre Sätze aus. Dieses Faktum hat mehrere Verzweigungen: Um ein Beispiel zu nennen: Wenn sie jemals D – X ausdruckt, muß sie ebenfalls X ausdrucken, denn da sie D – X ausdruckt, muß D – X wahr sein, und das bedeutet, daß X druckfähig ist, und folglich muß die Maschine früher oder später X ausdrucken.
Ebenso folgt, daß, wenn die Maschine DA – X ausdrucken sollte, die Maschine (da DA – X wahr sein muß) dann auch X – X ausdrucken muß. Außerdem kann die Maschine, wenn sie ND – X ausdruckt, *nicht* auch D – X ausdrucken, da diese Sätze nicht beide wahr sein können, denn der erste besagt, daß die Maschine X nicht druckt, und der zweite besagt, daß die Maschine X druckt.
Die folgende Aufgabe rückt Gödels Idee in ein so klares Licht, wie ich mir das bei einer Aufgabe nur vorstellen kann.

1. Eine besondere Gödelsche Herausforderung

Suche einen wahren Satz, den die Maschine nicht drucken kann!

2. Ein doppeltes Gödelsches Rätsel

Wir nehmen wieder die gleichen Bedingungen an – insbesondere, daß die Maschine genau ist.
Es gibt einen Satz X und einen Satz Y, für die gilt, daß einer der Sätze X oder Y wahr sein muß, aber nicht druckfähig sein kann, aber es ist unmöglich, auf Grund der Bedingungen, die in den Gesetzen 1 bis 4 zum Ausdruck kommen, zu sagen, welcher es ist. Können Sie ein solches X und Y finden? (Hinweis: Suchen Sie nach Sätzen X und Y, für die gilt, daß X aussagt, daß Y druckfähig ist, und Y aussagt, daß X nicht druckfähig ist. Dies läßt sich auf zwei verschiedenen Wegen erreichen, und beide stehen im Zusammenhang mit Fergussons Gesetzen!)

3. Eine dreifache Gödelsche Aufgabe

Bilde Sätze X, Y und Z, für die gilt, daß X aussagt, daß Y druckfähig ist, Y aussagt, daß Z nicht druckfähig ist, und Z aussagt, daß X druckfähig ist, und zeige, daß mindestens einer dieser drei Sätze (obwohl sich nicht feststellen läßt, welcher) wahr sein muß, mit der Maschine aber nicht gedruckt werden kann.

Zwei Maschinen, die über sich selbst und übereinander sprechen

Wir wollen nun ein fünftes Symbol, E, hinzunehmen. Wir haben also die Symbole D,E,N,A, – und haben es nun mit zwei Maschinen M1 und M2 zu tun, die beide verschiedene Ausdrücke drucken, die aus diesen fünf Symbolen zusammengesetzt sind. Wir interpretieren jetzt »D« als »druckfähig mit der ersten Maschine« und »E« als »druckfähig mit der zweiten Maschine«. Somit bedeutet D – X jetzt, daß X mit der ersten Maschine gedruckt werden kann, und E – X bedeutet, daß X mit der zweiten Maschine gedruckt werden kann. Außerdem bedeutet DA – X, daß die assoziierte Größe von X mit der ersten Maschine gedruckt werden kann, und EA – X, daß die assoziierte Größe von X mit der zweiten Maschine gedruckt werden kann. ND – X, NE – X, NDA – X, NEA – X bedeuten entsprechend: X kann mit der ersten Maschine nicht gedruckt werden; X kann mit der zweiten Maschine nicht gedruckt werden; X – X kann mit der ersten Maschine nicht gedruckt werden; X – X kann mit der zweiten Maschine nicht gedruckt werden. Unter einem *Satz* verstehen wir jetzt jeden beliebigen Ausdruck, der eine der folgenden acht Formen hat: D – X, E – X, ND – X, NE – X, DA – X, EA – X, NDA – X, NEA – X. Vorausgesetzt wird, daß die erste Maschine nur wahre Sätze ausdruckt, die zweite dagegen nur falsche Sätze. Wir wollen einen Satz *beweisbar* nennen dann und nur dann, wenn er mit der ersten Maschine gedruckt werden kann, und *widerlegbar* dann und nur dann, wenn er mit der zweiten Maschine gedruckt werden kann. Daher kann D als »beweisbar« und E als »widerlegbar« gelesen werden.

4.

Suche einen Satz, der falsch, aber nicht widerlegbar ist.

5.

Es gibt Sätze X und Y, für die gilt, daß einer der beiden (wir wissen nicht, welcher) entweder wahr, aber nicht beweisbar sein muß, oder falsch, aber nicht widerlegbar, und wieder wissen wir nicht, welcher von beiden. Dies läßt sich auf zwei verschiedenen Wegen machen, und entsprechend stelle ich zwei Aufgaben:

(a) Suche Sätze X und Y, für die gilt, daß X aussagt, daß Y beweisbar ist, und Y aussagt, daß X widerlegbar ist. Zeige dann, daß einer der Sätze X oder Y (wir können nicht bestimmen, welcher) entweder wahr und nicht beweisbar oder falsch, aber nicht widerlegbar ist.

(b) Suche Sätze X und Y, für die gilt, daß X aussagt, daß Y nicht beweisbar ist, und Y aussagt, daß X nicht widerlegbar ist. Zeige dann, daß einer von diesen Sätzen X und Y (wir können nicht bestimmen, welcher) entweder wahr und nicht beweisbar oder falsch und nicht widerlegbar ist.

6.

Versuchen wir einmal eine Vierfachaufgabe! Suche Sätze X,Y,Z und W, für die gilt, daß X aussagt, daß Y beweisbar ist, Y aussagt, daß Z widerlegbar ist, Z aussagt, daß W widerlegbar ist, und W aussagt, daß X nicht widerlegbar ist. Zeige, daß einer dieser vier Sätze entweder wahr und nicht beweisbar oder falsch und nicht widerlegbar sein muß (obwohl es keine Möglichkeit gibt zu sagen, welcher der vier es ist!).

McCullochs Maschine und Gödels Lehrsatz

Vielleicht sind dem Leser bei den letzten Aufgaben gewisse Ähnlichkeiten mit bestimmten Merkmalen von McCullochs erster Maschine aufgefallen. Tatsächlich kann man diese Maschine auf folgende Weise mit Gödels Satz in Beziehung setzen:

7.

Angenommen, wir haben ein mathematisches System mit Sätzen, von denen einige als *wahr* und einige als *beweisbar* bezeichnet werden. Wir nehmen an, daß das System korrekt ist, also ist jeder beweisbare Satz wahr. Jeder Zahl N ist ein Satz zugeordnet, den wir *Satz N* nennen wollen. Angenommen, das System erfüllt die folgenden beiden Bedingungen:
Mc1: Für beliebige Zahlen X und Y gilt, wenn X in McCullochs erster Maschine Y produziert, dann ist Satz 8X wahr dann und nur dann, wenn Satz Y beweisbar ist. (Wir erinnern uns, 8X bedeutet 8 gefolgt von X, nicht 8 mal X.)
Mc2: Für jede beliebige Zahl X gilt, daß Satz 9X wahr ist dann und nur dann, wenn Satz X nicht wahr ist.
Suche eine Zahl N, für die gilt, daß Satz N wahr, aber in dem System nicht beweisbar ist.

8.

Angenommen, wir ersetzen bei Bedingung Mc1 der letzten Aufgabe »McCullochs erste Maschine« durch »McCullochs dritte Maschine«. Suche *jetzt* ein N, für das gilt, daß Satz N wahr, aber nicht beweisbar ist!

9. Paradox?

Wir wollen noch einmal zu Aufgabe 1 zurückkehren, aber mit folgenden Änderungen: Anstelle des Symbols »D« verwenden wir »G« (aus psychologischen Gründen, die später deutlich werden). Wir definieren *Satz* wie zuvor, nur verwenden wir diesmal »G« anstelle von »D«. Somit sind unsere Sätze diesmal G – X, NG – X, GA – X und NGA – X. Die Sätze sind wie zuvor in zwei Gruppen unterteilt – *wahre* Sätze und *falsche* Sätze –, aber wir erfahren nicht, welche Sätze zu welcher Gruppe gehören. Nun ist diesmal keine Maschine vorhanden, die verschiedene Sätze ausdruckt, sondern ein Logiker ist anwesend, der einige Sätze *glaubt*, andere jedoch nicht. Wenn wir sagen, daß der Logiker einen Satz *nicht* glaubt, meinen wir nicht, daß er ihn *bezweifelt*; wir meinen lediglich, daß es nicht der Fall ist, daß er ihn glaubt; anders gesagt, er hält ihn entweder für falsch oder er hat – so oder so – keine Meinung über ihn. Nun steht das Symbol »G« für »von dem Logiker geglaubt«, und somit haben wir die folgenden vier Bedingungen, die für jeden beliebigen Ausdruck X gelten:

G1: G – X ist wahr dann und nur dann, wenn der Logiker X glaubt.

G2: NG – X ist wahr dann und nur dann, wenn es nicht der Fall ist, daß der Logiker X glaubt.

GE: GA – X ist wahr dann und nur dann, wenn der Logiker X – X glaubt.

G4: NGA – X ist wahr dann und nur dann, wenn es nicht der Fall ist, daß der Logiker X – X glaubt.

Unter der Annahme, daß der Logiker genau ist – das heißt, daß er keinen falschen Satz glaubt –, können wir natürlich einen Satz finden, der wahr ist, von dem der Logiker jedoch nicht weiß, daß er wahr ist; nämlich NGA – NGA (der besagt, daß der Logiker die assoziierte Größe von NGA, nämlich NGA – NGA, nicht glaubt).

Nun kommt etwas Interessantes. Angenommen, uns sind folgende Fakten über den Logiker bekannt:

Faktum 1: Der Logiker kennt sich in der Logik mindestens so gut aus wie Sie oder ich; tatsächlich nehmen wir an, daß er ein perfekter Logiker ist: Aus beliebigen Prämissen kann er alle Aussagen ableiten, die logisch daraus folgen.

Faktum 2: Der Logiker weiß, daß die Bedingungen G1, G2, G3 und G4 alle zutreffen.

Faktum 3: Der Logiker ist immer genau; er glaubt keinen falschen Satz.

Da nun der Logiker weiß, daß die Bedingungen G1, G2, G3 und G4 alle zutreffen und da er ebenso wie Sie oder ich logisch folgern kann, was hindert *ihn* daran, den gleichen Gedankengang zu durchlaufen, den wir zurückgelegt haben, um zu beweisen, daß der Satz NGA – NGA wahr sein muß? Es hat den Anschein, daß er das tun kann, und, nachdem er es getan hat, den Satz NGA – NGA glauben wird. In dem Augenblick jedoch, in dem er ihn glaubt, ist der Satz falsifiziert, da der Satz besagt, daß er nicht an ihn glaubt, womit dem Logiker schließlich doch noch ein Fehler unterläuft!

Erhalten wir also nicht ein Paradoxon, wenn wir die Fakten 1, 2 und 3 annehmen? Die Antwort lautet Nein; meine Argumentation in diesem letzten Abschnitt enthält absichtlich einen Fehler! Können Sie ihn finden?

Lösungen

1. Für jeden beliebigen Ausdruck X besagt der Satz NDA – X, daß die assoziierte Größe von X nicht druckfähig ist. Speziell besagt NDA – NDA, daß die assoziierte Größe von NDA nicht druckfähig ist. Aber die assoziierte Größe von NDA ist genau der Satz NDA – NDA! Folglich behauptet NDA – NDA seine eigene Druckunfähigkeit; anders gesagt, der Satz ist wahr dann und nur dann, wenn er nicht druckfähig ist. Das bedeutet, daß er entweder wahr und nicht druckfähig ist oder nicht wahr, aber druckfähig. Letzteres kann nicht zutreffen, da die Maschine genau ist. Folglich muß ersteres zutreffen; der Satz ist wahr, kann aber mit der Maschine nicht gedruckt werden.

2. X soll der Satz D – NDA – D – NDA sein und Y der Satz NDA – D – NDA. Der Satz X (er lautet D – Y) besagt, daß Y druckfähig ist. Der Satz Y (wörtlich gelesen »nicht druckfähig die assoziierte Größe von D – NDA«) besagt, daß die assoziierte Größe von D – NDA nicht druckfähig ist. Aber die assoziierte Größe von D – NDA ist X, also besagt Y, daß X nicht druckfähig ist. (Übrigens gibt es noch eine andere Möglichkeit, ein solches X und Y zu bilden: Setzen Sie für X DA – ND – DA ein und für Y ND – DA – ND – DA.)
Wir haben somit zwei Sätze X und Y, für die gilt, daß X besagt, daß Y druckfähig ist, und Y besagt, daß X nicht druckfähig ist.
Nehmen wir nun an, daß X druckfähig ist. Dann wäre er wahr, was heißen würde, daß Y druckfähig ist. Dann wäre Y wahr, was bedeutet, daß X nicht druckfähig ist. Das ist ein Widerspruch, da X in diesem Fall sowohl druckfähig als auch nicht druckfähig wäre; folglich kann X nicht druckfähig sein! Da X nicht druckfähig ist und Y besagt, daß X nicht druckfähig ist, muß Y wahr sein. Somit wissen wir:
(1) X ist nicht druckfähig;
(2) Y ist wahr.
Nun ist X entweder wahr oder nicht. Wenn X wahr ist, dann ist laut (1) X wahr, aber nicht druckfähig. Wenn X falsch ist, dann ist Y nicht druckfähig, da X besagt, daß Y druckfähig *ist*; also ist in diesem Fall Y wahr – laut (2) – und nicht druckfähig. Somit ist entweder X wahr und nicht druckfähig oder Y ist wahr und nicht druckfähig, aber es gibt keine Möglichkeit zu sagen, auf welches von beiden dies zutrifft.
Diskussion: Die oben dargestellte Situation ist analog zu einer Insel mit

Rittern und Schurken, auf der es zwei Bewohner X und Y gibt, wobei X behauptet, daß Y ein etablierter Ritter ist, und Y behauptet, daß X kein etablierter Ritter ist. Es kann nichts weiter gefolgert werden, als daß mindestens einer von ihnen ein nicht etablierter Ritter ist, aber es gibt keine Möglichkeit zu sagen, welcher von beiden.
In »Wie heißt dieses Buch?« habe ich mich in einem Abschnitt des letzten Kapitels unter der Überschrift »Doppelte Gödelsche Inseln« mit dieser Situation befaßt.

3. Es sei Z = DA – D – ND – DA.
Es sei Y = ND – Z (und das ist ND – DA – D – ND – DA).
Es sei X = D – Y (und das ist D – ND – DA – D – ND – DA).
Es ist unmittelbar ersichtlich, daß X besagt, daß Y druckfähig ist, und Y besagt, daß Z nicht druckfähig ist. Was Z anbetrifft, so besagt Z, daß die assoziierte Größe von D – ND – DA druckfähig ist, aber die assoziierte Größe von D – ND – DA ist D – ND – DA – D – ND – DA, und das ist X! Also besagt Z, daß X druckfähig ist.
Somit besagt X, daß Y druckfähig ist, Y besagt, daß Z nicht druckfähig ist, und Z besagt, daß X druckfähig ist. Sehen wir nun, was daraus folgt:
Angenommen, Z ist druckfähig. Dann ist Z wahr, was bedeutet, daß X druckfähig ist, folglich wahr, was bedeutet, daß Y druckfähig ist, folglich wahr, was bedeutet, daß Z nicht druckfähig ist. Wenn Z also druckfähig ist, ist es nicht druckfähig, was ein Widerspruch ist. Daher ist Z nicht druckfähig, und Y ist somit wahr. Wir wissen also:
(1) Z ist nicht druckfähig;
(2) Y ist wahr.
Nun ist X entweder wahr oder falsch. Angenommen, X ist wahr. Wenn Z falsch ist, ist X nicht druckfähig, was bedeutet, daß X wahr, aber nicht druckfähig ist. Wenn Z wahr ist, so ist Z, da laut (1) nicht druckfähig, wahr, aber nicht druckfähig. Wenn X also wahr ist, dann ist entweder X oder Z wahr, aber nicht druckfähig. Wenn X falsch ist, dann ist Y nicht druckfähig, folglich ist Y wahr – laut (2) – und nicht druckfähig.
Fassen wir zusammen: Wenn X wahr ist, dann ist zumindest einer der beiden Sätze X und Z wahr, aber nicht druckfähig. Wenn X falsch ist, dann ist es Y, das wahr, aber nicht druckfähig ist.

4. S soll der Satz EA – EA sein. Er besagt, daß die assoziierte Größe von EA – und das ist S selbst – widerlegbar ist; folglich ist S wahr dann und nur dann, wenn S widerlegbar ist. Da S nicht wahr und widerlegbar sein kann, ist es also falsch, aber nicht widerlegbar.

5. (a) Es sei X = D – EA – D – EA und Y = EA – D – EA. Offensichtlich besagt X, daß Y beweisbar ist, und Y besagt, daß die assoziierte Größe von D – EA (und das ist zufällig X) widerlegbar ist. Also besagt X, daß Y beweisbar ist, und Y besagt, daß X widerlegbar ist. (Hätten wir DA – E – DA für X eingesetzt und E – DA – E – DA für Y, so hätten wir eine alternative Lösung.)
Wenn nun Y beweisbar ist, dann ist Y wahr, was bedeutet, daß X widerlegbar ist, folglich falsch, was bedeutet, daß Y nicht druckfähig ist. Die Annahme, daß Y beweisbar ist, führt uns somit zu einem Widerspruch, und deshalb ist Y nicht beweisbar. Da Y nicht beweisbar ist, ist X falsch. Und so wissen wir:
(1) X ist falsch;
(2) Y ist nicht beweisbar.
Wenn Y wahr ist, dann ist Y wahr und nicht beweisbar. Wenn Y falsch ist, dann ist X nicht widerlegbar (da Y besagt, daß X widerlegbar *ist*), und somit ist X in diesem Fall falsch, aber nicht widerlegbar. Folglich ist entweder Y wahr und nicht beweisbar oder X falsch und nicht widerlegbar.
(b) Nimm ND – NEA – ND – NEA für X und NEA – ND – NEA für Y (oder alternativ NDA – NE – NDA für X und NE – NDA – NE – NDA für Y), und – wie der Leser beweisen kann –, X besagt, daß Y nicht beweisbar ist, und Y besagt, daß X nicht widerlegbar ist. Wenn X widerlegbar ist, dann ist X falsch, Y ist beweisbar, Y ist wahr, X ist nicht widerlegbar. Folglich ist X nicht widerlegbar und Y ist wahr. Wenn X falsch ist, ist X falsch und nicht widerlegbar. Wenn X wahr ist, ist Y nicht beweisbar; folglich wäre in diesem Fall Y wahr und nicht beweisbar.
Diskussion: Nehmen wir analog dazu an, daß wir es mit zwei Bewohnern X und Y einer Insel mit Rittern und Schurken zu tun haben, wobei X behauptet, daß Y ein etablierter Ritter ist, und Y behauptet, daß X ein etablierter Schurke ist. Es läßt sich nur folgern, daß einer der beiden (wir wissen nicht, welcher) entweder ein nicht etablierter Ritter oder ein nicht etablierter Schurke sein muß. Das gleiche gilt, wenn X behauptet, daß Y kein etablierter Ritter ist, und Y behauptet, daß X kein etablierter Schurke ist.

6. Es sei W = NDA – D – E – E – NDA;
Z = E – W (und das ist E – NDA – D – E – E – NDA);
Y = E – Z (und das ist E – E – NDA – D – E – E – NDA);
X = D – Y (und das ist D – E – E – NDA – D – E – E – NDA).

X besagt, daß Y beweisbar ist, Y besagt, daß Z widerlegbar ist, Z besagt, daß W widerlegbar ist, und W besagt, daß X nicht beweisbar ist (W besagt, daß die assoziierte Größe von D – E – E – NDA, und das ist X, nicht beweisbar ist).

Wenn W widerlegbar ist, ist W falsch; folglich ist X beweisbar, folglich wahr; folglich ist Y beweisbar, folglich wahr; folglich ist Z widerlegbar, folglich falsch; folglich ist W nicht widerlegbar! Deshalb kann es nicht sein, daß W widerlegbar ist. Also ist W nicht widerlegbar, und Z ist somit falsch.

Wenn W nun falsch ist, dann ist W falsch, aber nicht widerlegbar. Angenommen, W ist wahr. Dann ist X nicht beweisbar. Wenn X wahr ist, dann ist X wahr und nicht beweisbar. Angenommen, X ist falsch. Dann ist Y nicht beweisbar. Wenn Y wahr ist, dann ist Y wahr, aber nicht beweisbar. Angenommen, Y ist falsch. Dann ist Z nicht widerlegbar; also ist Z in diesem Fall falsch, aber nicht widerlegbar.

Das zeigt, daß entweder W falsch und nicht widerlegbar ist, oder X ist wahr und nicht beweisbar, oder Y ist wahr und nicht beweisbar, oder Z ist falsch und nicht widerlegbar.

7. Diese Situation unterscheidet sich von Aufgabe 1 in diesem Kapitel kaum mehr als durch die Bezeichnung!

Wir wissen, daß 32983 die Zahl 9832983 produziert (in McCullochs erster Maschine); folglich ist, laut Mc1, Satz 832983 wahr dann und nur dann, wenn Satz 9832983 beweisbar ist. Ebenso ist, laut Mc2, Satz 9832983 wahr dann und nur dann, wenn Satz 832983 nicht wahr ist; so sehen wir, wenn wir diese letzten beiden Fakten verbinden, daß Satz 9832983 wahr ist dann und nur dann, wenn er nicht beweisbar ist. Also ist die Lösung 9832983.

Wenn wir dies mit Aufgabe 1 vergleichen, erkennen wir, daß offensichtlich 9 die Rolle von N spielt, 8 die Rolle von D spielt, 3 die Rolle von A spielt und 2 die Rolle des Gedankenstrichs spielt. Wenn wir die Symbole D,N,A, – durch die entsprechenden Ziffern 8,9,3,2 ersetzen, so verwandelt sich der Satz NDA – NDA (der die Lösung von Aufgabe 1 ist) tatsächlich in die Zahl 9832983 (die Lösung dieser Aufgabe!).

8. Zunächst einmal gehorcht McCullochs dritte Maschine ebenfalls McCullochs Gesetz, das heißt, für jede beliebige Zahl A muß es ein X geben, das AX produziert. Wir beweisen dies so: Aus dem »Schlüssel«-Kapitel wissen wir, daß es eine Zahl H gibt – nämlich 5464 –, für die gilt, daß H2X2 mit jeder beliebigen Zahl X X2X2 produziert. (Wir erinnern uns daran, daß H2H2 dann sich selbst produziert, aber das ist für diese Aufgabe nicht relevant.) Wir nehmen jetzt eine beliebige Zahl A. Für X setzen wir H2AH2 ein. Dann produziert X die Zahl AH2AH2, und das ist AX. X produziert also AX. Und so gilt für jede Zahl A, daß 54642A54642 eine Zahl X ist, die AX produziert.
Wir brauchen ein X, das 98X produziert: Angenommen, X produziert 98X. Dann ist Satz 8X wahr dann und nur dann, wenn Satz 98X beweisbar ist (laut Mc1); folglich ist Satz 98X wahr dann und nur dann, wenn Satz 98X nicht beweisbar ist (laut Mc2). Dann ist Satz 98X wahr, aber in dem System nicht beweisbar (da das System korrekt ist).
Nun ersehen wir aus dem letzten Abschnitt, wenn wir für A die Zahl 98 einsetzen, daß 546429854642 ein X ist, das 98X produziert. Folglich ist Satz 98546429854642 wahr, aber in dem System nicht beweisbar.

9. Ich habe gesagt, daß der Logiker genau war, aber ich habe nicht gesagt, daß er *wußte*, daß er genau war! Wenn er wüßte, daß er genau ist, würde die Situation tatsächlich zu einem Paradoxon führen! Daher ist das, was aus den Fakten 1, 2 und 3 ganz zu Recht folgt, nicht ein Widerspruch, sondern einfach die Tatsache, daß der Logiker, obwohl er genau ist, nicht wissen kann, daß er genau ist.
Diese Situation steht in gewissem Zusammenhang mit einem anderen Lehrsatz von Gödel, bekannt als *Gödels Zweiter Unvollständigkeitssatz*, der (in etwa) besagt, daß für Systeme mit einer hinreichend reichhaltigen Struktur (und das schließt die Systeme ein, die Gödel in seiner ursprünglichen Arbeit behandelt) gilt, daß das System, wenn es widerspruchsfrei ist, seine eigene Widerspruchsfreiheit nicht beweisen kann. Dies ist ein inhaltsträchtiger Gegenstand, und ich habe vor, mich in einem Fortsetzungsband zu diesem Buch näher damit zu befassen.

17
Vergängliche und unvergängliche Zahlen

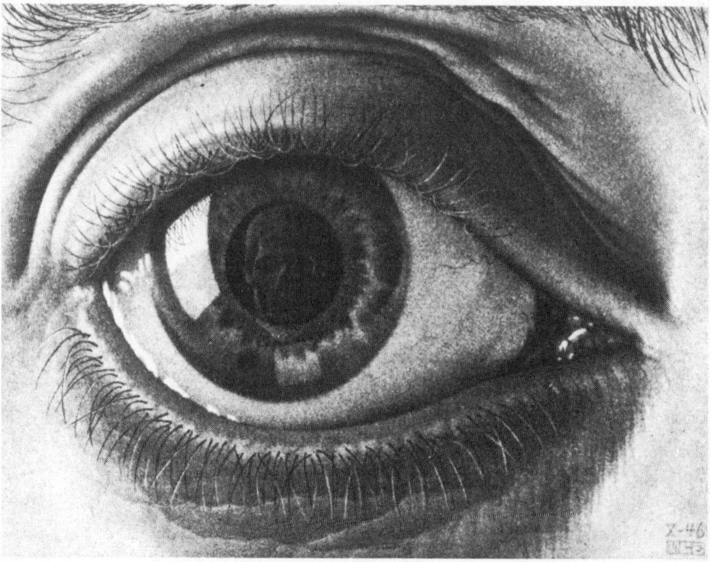

Einige Zeit war vergangen, seit Inspektor Craig zum letzten Mal McCulloch oder Fergusson gesehen hatte, als er den beiden ganz unerwartet an einem späten Nachmittag begegnete, und erfreut beschlossen die drei Freunde, zusammen essen zu gehen.
»Wißt ihr«, sagte McCulloch beim After-dinner-Cocktail, »ein Problem verfolgt mich schon eine ganze Weile.«
»Und welches ist das?« fragte Fergusson.
»Ich habe mehrere Maschinen untersucht«, antwortete McCulloch, »und bei jeder bin ich auf das gleiche Problem gestoßen: Bei allen Maschinen sind bestimmte Zahlen annehmbar und andere nicht. Angenommen, ich gebe eine annehmbare Zahl X in die Maschine ein. Die Zahl Y, die von X produziert wird, ist entweder unannehmbar oder annehmbar. Wenn Y unannehmbar ist, endet der Vorgang hier; wenn Y annehmbar ist, gebe ich Y wieder in die Maschine zurück, um zu sehen, welche Zahl Z von Y produziert wird. Wenn Z unannehmbar ist, so endet der Vorgang; wenn Z annehmbar ist, gebe ich es in die Maschine zurück, und der Vorgang setzt sich zumindest für einen weiteren Arbeitsgang fort. Ich wiederhole dies immer wieder, und es gibt zwei Möglichkeiten: Erstens, ich erhalte schließlich eine unannehmbare Zahl; zweitens, der Vorgang setzt sich endlos fort. Im ersten Fall nenne ich X eine *vergängliche* Zahl, bezogen auf die fragliche Maschine, und im zweiten Fall nenne ich X eine *unvergängliche* Zahl. Natürlich kann eine bestimmte Zahl für eine Maschine vergänglich und für eine andere unvergänglich sein.«
»Lassen Sie uns Ihre erste Maschine betrachten«, sagte Inspektor Craig. »Ich kann mir viele vergängliche Zahlen denken, aber können Sie mir ein Beispiel für eine unvergängliche Zahl nennen?«
»Offensichtlich 323«, entgegnete McCulloch. »323 produziert sich selbst. Wenn ich also 323 in die Maschine eingebe, kommt 323 heraus. Ich gebe 323 zurück, und wieder kommt 323 heraus. Also kommt der Vorgang in diesem Fall offenbar nie zu einem Ende.«
»Oh, natürlich!« lachte Craig. »Gibt es noch andere unvergängliche Zahlen?«

1.

»Nun«, antwortete McCulloch, »was würden Sie zu der Zahl 3223 sagen? Ist sie vergänglich oder nicht?«

2.

»Wie ist es mit der Zahl 32223?« fragte Fergusson. »Ist sie für Ihre erste Maschine vergänglich oder unvergänglich?«
McCulloch dachte einen Augenblick darüber nach. »Oh, das ist nicht allzu schwer auszumachen«, antwortete er. »Ich könnte mir vorstellen, daß Sie sich gerne daran versuchen würden.«

3.

»Sie könnten es auch mit der Zahl 3232 versuchen«, sagte McCulloch. »Ist diese Zahl vergänglich oder unvergänglich?«

4.

»Wie ist es mit der Zahl 32323?« fragte Craig. »Vergänglich oder unvergänglich?«

5.

»Das sind zwar alles gute Fragen«, sagte McCulloch, »aber ich bin noch gar nicht zu dem eigentlichen Problem gekommen. Ein Freund von mir hat eine sehr ausgeklügelte Zahlenmaschine konstruiert, von der er behauptet, daß sie alles kann, was irgendeine andere Maschine tun kann; er nennt sie eine *Universalmaschine*. Nun gibt es etliche Zahlen, von denen wir beide nicht sagen können, ob sie vergänglich oder unvergänglich sind, und ich würde mir gerne ein rein mechanisches Prüfverfahren ausdenken, um festzustellen, welche Zahlen was sind, aber bis jetzt ist es mir nicht gelungen. Insbesondere versuche ich, eine Zahl H zu finden, für die gilt, daß bei jeder annehmbaren Zahl X dann, wenn X unvergänglich ist, HX vergänglich ist, und wenn X vergänglich ist, HX unvergänglich ist. Wenn ich eine solche Zahl H finden könnte, wäre ich in der Lage, für jede annehmbare Zahl X zu entscheiden, ob X vergänglich oder unvergänglich ist.«
»Wie könnten Sie das mit einem solchen H erreichen?« fragte Craig.
»Wenn ich ein solches H hätte«, entgegnete McCulloch, »würde ich

zuerst die Maschine meines Freundes genau nachbauen. Dann würde ich irgendeine annehmbare Zahl X in eine der Maschinen eingeben, und zur gleichen Zeit würde mein Freund in die andere Maschine HX eingeben. Ein Vorgang – und nur einer – würde enden. Würde der erste Vorgang enden, so wüßte ich, daß X vergänglich ist; würde der zweite Vorgang enden, so wüßte ich, daß X unvergänglich ist.«

»Sie müßten gar keine zweite Maschine bauen«, sagte Fergusson. »Sie könnten die Eingaben der beiden Vorgänge miteinander abwechseln.«

»Richtig«, entgegnete McCulloch, »aber das ist alles nur hypothetisch, weil es mir nicht gelungen ist, eine solche Zahl H zu finden. Vielleicht ist diese Maschine *außerstande*, ihr eigenes Vergänglichkeitsproblem zu lösen – das heißt, vielleicht *gibt* es eine solche Zahl H gar nicht. Vielleicht habe ich es auch nur nicht geschickt genug angestellt, sie zu finden. Das ist das Problem, zu dem ich Ihren Rat einholen möchte, meine Herren.«

»Wir müssen die Regeln dieser Maschine kennen«, entgegnete Fergusson. »Welche sind es?«

»Es gibt fünfundzwanzig Regeln«, begann McCulloch. »Die ersten beiden sind die gleichen wie für meine erste Maschine.«

»Einen Augenblick, bitte«, sagte Fergusson. »Wollen Sie sagen, daß die Maschine Ihres Freundes Ihren Regeln 1 und 2 folgt?«

»Ja«, antwortete McCulloch.

»Dann ist die Sache damit entschieden!« entgegnete Fergusson. »Keine Maschine, die den Regeln 1 und 2 folgt, kann ihr eigenes Vergänglichkeitsproblem lösen!«

»Wie können Sie das so schnell festgestellt haben?« fragte Craig.

»Oh, mir ist das nicht neu«, erwiderte Fergusson. »Vor einiger Zeit bin ich bei meiner eigenen Arbeit auf ein ähnliches Problem gestoßen.«

Woher wußte Fergusson, daß keine Maschine, die den Regeln 1 und 2 folgt, ihr eigenes Vergänglichkeitsproblem lösen kann?

Lösungen

1. Wir erinnern uns daran, daß 3223 die Zahl 23223 produziert, und natürlich produziert 23223 die Zahl 3223. Also haben wir die beiden Zahlen 3223 und 23223, von denen jede die andere produziert. Somit sind sie beide unvergänglich: Gib eine von ihnen in die Maschine, und die andere kommt heraus; gib die zweite in die Maschine zurück, und die erste kommt heraus. Der Vorgang kommt offenbar nie zu einem Ende.

2. Von zwei beliebigen Zahlen X und Y wollen wir sagen, X *führt zu* Y, wenn entweder X die Zahl Y produziert oder X eine Zahl produziert, die Y produziert, oder X eine Zahl produziert, die eine Zahl produziert, die Y produziert, oder X eine Zahl produziert, die eine Zahl produziert, die . . . die eine Zahl produziert, die Y produziert. Anders gesagt, wenn wir den Vorgang mit X beginnen und in dem einen oder anderen Stadium Y erhalten, wollen wir sagen, daß X zu Y führt. Um ein Beispiel zu nennen, 22222278 führt zu 78 – genau nach sechs Eingaben. Allgemeiner gesagt, wenn T eine beliebige Folge von Zweien ist, dann gilt für jede beliebige Zahl X, daß TX zu X führt.
Nun produziert 32223 zwar nicht sich selbst, aber es führt zu sich selbst, weil es 2232223 produziert, das wiederum 232223 produziert, das wiederum 32223 produziert. Da 32223 zu sich selbst führt, muß es unvergänglich sein.
Der Leser sollte folgendes allgemeinere Faktum beachten: Für jede beliebige Zahl T, die ausschließlich aus Zweien besteht, gilt, daß die Zahl 3T3 zu sich selbst führen muß, und folglich muß sie unvergänglich sein.

3. Der einzige mir bekannte Lösungsweg für diese Aufgabe ist, das allgemeinere Faktum zu zeigen, daß für jedes beliebige T, das ausschließlich aus Zweien besteht, gilt, daß die Zahl 3T32 unvergänglich ist und daß daher auch der besondere Fall 3232 unvergänglich ist. Dies illustriert ein noch allgemeineres Prinzip, von dem wir auch bei der Lösung der nächsten Aufgabe Gebrauch machen wollen.
Angenommen, wir haben eine Klasse von Zahlen (ob die Klasse endlich oder unendlich ist, spielt keine Rolle), und die Klasse ist von der Art, daß jedes Teil der Klasse zu einem Teil der Klasse führt (entweder zu sich selbst oder zu einem anderen Teil). Dann muß jedes Teil der Klasse unvergänglich sein.

Um dieses Prinzip auf unsere Aufgabe anzuwenden, wollen wir die Klasse aller Zahlen der Form 3T32 betrachten, wobei T eine Folge von Zweien ist. Wir wollen zeigen, daß 3T32 zu einem anderen Teil dieser Klasse führen muß.

Wir wollen zunächst die fragliche Zahl 3232 betrachten. Sie produziert 32232, was ein Teil dieser Klasse ist. Wie ist es mit 32232? Es produziert 2322232, das wiederum 322232 produziert, das ein Teil dieser Klasse ist. Wie ist es mit 322232? Es produziert 223222232, und das produziert 23222232, und das produziert 3222232, also sind wir wieder in dieser Klasse angelangt. Allgemeiner gesagt, für jede beliebige Folge T aus Zweien gilt, daß 32T32 die Zahl T322T32 produziert, was zu 322T32 führt, das wiederum ein Teil dieser Klasse ist. Somit sind alle Teile dieser Klasse unvergänglich.

4. Die Zahl 32323 produziert 3232323, und das produziert 32323232323, und das produziert 3232323232323232323. Das Muster dürfte offensichtlich sein: Jede Zahl, die aus 32, das beliebig oft wiederholt werden kann, besteht, woran eine Drei anschließt, produziert eine andere Zahl dieser Form (und zwar eine längere), und somit sind alle Zahlen dieser Art unvergänglich.

5. Wir betrachten zunächst das folgende Faktum: Angenommen, X und Y sind Zahlen, für die gilt, daß X die Zahl Y produziert. Dann muß, wenn Y vergänglich ist, X ebenfalls vergänglich sein, denn wenn Y nach *n* Eingaben zu einer unannehmbaren Zahl Z führt, dann führt X nach *n* + 1 Eingaben zu Z. Wenn Y unvergänglich ist, wird es nie zu einer unannehmbaren Zahl führen; folglich kann X nicht zu einer unannehmbaren Zahl führen, da die einzige Möglichkeit für X, zu einer Zahl zu führen, über Y läuft. Wenn also X die Zahl Y produziert, ist die Vergänglichkeit von X die gleiche wie die Vergänglichkeit von Y (das heißt, sie sind entweder beide vergänglich oder beide unvergänglich).

Betrachten wir nun eine Maschine, die zumindest den Regeln 1 und 2 (und vielleicht weiteren) folgt. Nehmen wir eine beliebige Zahl H. Wir wissen, daß es auf Grund der Regeln 1 und 2 eine Zahl X geben muß, die HX produziert (wir erinnern uns daran, daß H32H3 eine solche Zahl ist). Da X die Zahl HX produziert, sind die Zahlen X und HX entweder beide vergänglich oder beide unvergänglich (wie wir im letzten Abschnitt gezeigt haben). Somit kann es keine Zahl H geben, für die gilt, daß für *jedes* X eine der Zahlen H oder HX vergänglich und die andere unvergänglich ist, denn für die spezielle Zahl X = H32H3 trifft es nicht zu, daß eine der Zahlen X oder HX vergänglich und die andere unvergänglich ist. Daher kann keine Maschine, die den Regeln 1 und 2 folgt, ihr eigenes Vergänglichkeitsproblem lösen.

Wir könnten hinzufügen, daß das gleiche für jede Maschine gilt, die den Regeln 1 und 4 folgt, oder tatsächlich für jede Maschine, die McCullochs Gesetz gehorcht. (Übrigens steht dieses Problem in engem Zusammenhang mit einem berühmten *Unschlüssigkeitsproblem* von Turingmaschinen, dessen Lösung ebenfalls negativ ist.)

18
Die Maschine, die nie gebaut wurde

Kurz nach der letzten Episode saß Inspektor Craig an einem frühen Nachmittag still in seinem Arbeitszimmer. An der Tür hörte er ein zaghaftes Klopfen.
»Bitte, kommen Sie herein, Frau Hoffman«, sagte Craig zu seiner Wirtin.
»Da möchte Sie ein Herr sprechen, der einen ziemlich exzentrischen Eindruck macht«, sagte Frau Hoffman. »Er behauptet, er sei kurz davor, die größte mathematische Entdeckung aller Zeiten zu machen! Er sagt, es würde Sie *ungeheuer* interessieren, und er besteht darauf, Sie jetzt gleich zu sprechen. Was soll ich tun?«
»Also dann schicken Sie ihn ruhig zu mir hoch«, sagte Craig verständnisvoll. »Eine halbe Stunde kann ich erübrigen.«
Wenige Sekunden später wurde die Tür zu Craigs Arbeitszimmer aufgerissen, und ein Erfinder (denn um einen solchen handelte es sich) in höchster Aufregung und wie von Sinnen flog fast in den Raum, schleuderte seine Aktenmappe auf ein in der Nähe stehendes Sofa und rief: »Heureka! Heureka! Ich hab es fast! Ich werde der größte Mathematiker aller Zeiten sein! Die Namen von Euklid, Archimedes, Gauß werden bis zur Unkenntlichkeit verblassen! Die Namen von Newton, Lobatschewski, Bólyai, Riemann . . .«
»Gut, gut«, unterbrach Craig mit leiser, aber fester Stimme, »was haben Sie denn nun gefunden?«
»Genau genommen habe ich es noch nicht *gefunden*,« antwortete der Fremde in einem etwas gemilderten Ton. »Aber ich bin *im Begriff*, es zu finden, und wenn ich es geschafft habe, werde ich der größte Mathematiker aller Zeiten sein! Ja, die Namen von Galois, Cauchy, Dirichlet, Cantor . . .«
»Genug!« unterbrach Craig. »Bitte sagen Sie mir einfach, was es ist, das Sie zu finden versuchen.«
»Zu finden *versuchen*?« sagte der Fremde und schien etwas verletzt zu sein. »Ich sage Ihnen, ich habe es *fast* gefunden. Eine Universalmaschine, die *alle* mathematischen Probleme lösen kann! Ja, mit dieser Maschine werde ich allwissend sein! Ich werde in der Lage sein zu . . .«
»Ach, Leibniz' Traum!« warf Craig ein. »Auch Leibniz hatte einen solchen Traum, aber ich bezweifle, daß der Traum realisierbar ist.«
»Leibniz!« sagte der Fremde geringschätzig. »Leibniz! Er wußte einfach nicht, wie er es anfangen sollte! Aber ich *habe* praktisch eine solche Maschine! Alles, was ich noch brauche, sind ein paar Details – aber

kommen Sie, ich will Ihnen eine konkrete Vorstellung von dem geben, hinter dem ich her bin:
Ich suche nach einer Maschine M«, erklärte der Fremde (dessen Name Walton war, wie sich später herausstellte), »die bestimmte Eigenschaften hat: Zunächst einmal gibt man eine natürliche Zahl x in die Maschine ein und danach eine natürliche Zahl y; dann fängt die Maschine an zu arbeiten, und heraus kommt eine natürliche Zahl, die wir $M(x,y)$ nennen wollen. Also ist $M(x,y)$ der Output von M, wenn der Input als erste Zahl x und als zweite Zahl y ist.«
»So weit bin ich Ihnen gefolgt«, sagte Craig.
»Nun ist es so«, fuhr Walton fort, »wenn ich das Wort *Zahl* verwende, meine ich *positive ganze Zahlen*, weil die positiven ganzen Zahlen die einzigen sind, mit denen ich mich befasse. Wie Sie vielleicht wissen, sagt man von zwei natürlichen Zahlen, daß Sie die gleiche Paarigkeit haben, wenn sie entweder beide gerade oder beide ungerade sind, und man sagt, daß sie verschiedene Paarigkeit haben, wenn eine von Ihnen gerade und die andere ungerade ist.
Für jedes x soll $x^{\#}$ die Zahl $M(x, x)$ sein. Hier sind nun die drei Eigenschaften, die meine Maschine haben soll:

Eigenschaft 1: Für jede Zahl a soll es eine Zahl b geben, und es soll gelten, daß für jede Zahl x $M(x, b)$ die gleiche Paarigkeit hat wie $M(x^{\#}, a)$.
Eigenschaft 2: Für jede Zahl b soll es eine Zahl a geben, und es soll gelten, daß für jedes x $M(x, a)$ eine andere Paarigkeit hat als $M(x, b)$.
Eigenschaft 3: Es soll eine Zahl h geben, und es soll für jedes x gelten, daß $M(x, h)$ die gleiche Paarigkeit hat wie x.

Dies sind die drei Eigenschaften, die meine Maschine haben soll«, schloß Walton.
Inspektor Craig dachte eine Weile darüber nach.
»Was ist dann ihr Problem?« fragte er schließlich.
»Ach«, entgegnete Walton, »ich habe eine Maschine mit den Eigenschaften 1 und 2 gebaut, und eine andere mit den Eigenschaften 1 und 3 und eine dritte mit den Eigenschaften 2 und 3. All diese Maschinen arbeiten perfekt – ich habe sogar komplette Pläne für sie in meiner Aktenmappe da drüben –, aber wenn ich versuche, die drei Eigenschaften in einer Maschine zusammenzubringen, läuft irgend etwas schief!«
»Und was läuft dann schief?« fragte Craig.
»Also, die Maschine arbeitet überhaupt nicht!« rief Walton mit einem Ausdruck von Verzweiflung. »Wenn ich ein Zahlenpaar (x,y) eingebe,

so höre ich, anstatt einen Output zu bekommen, ein merkwürdiges surrendes Geräusch – so etwas wie ein Kurzschluß! Haben Sie eine Idee, was das sein könnte?«

»Nun«, sagte Craig, »das ist etwas, worüber ich nachdenken muß. Ich muß jetzt wegen eines Falles fort, aber wenn Sie Ihre Karte dalassen – oder, wenn Sie keine haben, Ihren Namen und Ihre Adresse –, werde ich Sie benachrichtigen, wenn ich zu irgendeiner Lösung komme.«

Einige Tage später schrieb Inspektor Craig einen Brief an Walton, der wie folgt begann:

Mein lieber Herr Walton!

Ich danke Ihnen für Ihren Besuch und dafür, daß Sie meine Aufmerksamkeit auf die Maschine, die Sie zu bauen versuchen, gelenkt haben. Um ganz ehrlich zu sein, mir ist nicht so recht klar, wie es möglich sein sollte, daß Ihre Maschine, selbst wenn sie tatsächlich gebaut werden sollte, imstande wäre, *alle* mathematischen Probleme zu lösen, aber sicher verstehen Sie davon mehr als ich. Direkt zu der Sache jedoch muß ich Ihnen sagen, daß Ihr Vorhaben viel von dem Versuch hat, ein Perpetuum mobile zu bauen: Es läßt sich einfach nicht realisieren! Tatsächlich ist die Situation hier sogar noch aussichtsloser, denn ein Perpetuum mobile, auch wenn es in dieser physikalischen Welt nicht möglich ist, ist doch nicht *logisch* unmöglich; während eine Maschine, wie Sie sie vorschlagen, nicht nur physikalisch, sondern auch logisch unmöglich ist, da die drei Eigenschaften, die Sie anführen, einen logischen Widerspruch enthalten.

Craig fuhr dann in seinem Brief fort zu erklären, warum schon die Existenz einer solchen Maschine logisch unmöglich ist. Sehen Sie den Grund?

Es wird uns helfen, wenn wir die Lösung in drei Schritte unterteilen:

(1) Zeige, daß für jede Maschine mit der Eigenschaft 1 gilt, daß es für jede beliebige Zahl a zumindest eine Zahl x geben muß, für die gilt, daß $M(x, a)$ die gleiche Parität hat wie x.

(2) Zeige, daß für jede Maschine mit den Eigenschaften 1 und 2 gilt, daß es für jede beliebige Zahl b eine Zahl x gibt, für die gilt, daß $M(x, b)$ eine andere Parität hat als x.

(3) Keine Maschine kann zugleich die Eigenschaften 1, 2 und 3 haben.

Lösungen

(a) Betrachte eine Maschine mit der Eigenschaft 1. Nimm eine beliebige Zahl a. Laut Eigenschaft 1 gibt es eine Zahl b, für die gilt, daß für jedes x $M(x,b)$ die gleiche Paarigkeit hat wie $M(x^{\#},a)$. Insbesondere hat, wenn wir für x die Zahl b einsetzen, $M(b,b)$ die gleiche Paarigkeit wie $M(b^{\#},a)$. Jedoch ist $M(b,b)$ die Zahl $b^{\#}$, also hat $b^{\#}$ die gleiche Paarigkeit wie $M(b^{\#},a)$. Wenn wir also für x die Zahl $b^{\#}$ einsetzen, sehen wir, daß $M(x,a)$ die gleiche Paarigkeit hat wie x.

(b) Betrachte jetzt eine Maschine mit den Eigenschaften 1 und 2. Nimm eine beliebige Zahl b. Laut Eigenschaft 2 gibt es ein a, für das gilt, daß für jedes x $M(x,a)$ eine andere Paarigkeit hat als $M(x,b)$. Und laut Eigenschaft 1 gibt es mindestens ein x, für das gilt, daß $M(x,a)$ die gleiche Paarigkeit hat wie x, wie wir oben unter (a) bewiesen haben. Ein solches x muß dann eine andere Paarigkeit haben als $M(x,b)$, da es die gleiche Paarigkeit hat wie $M(x,a)$, das sich in seiner Paarigkeit von $M(x,b)$ unterscheidet.

(c) Betrachte noch einmal eine Maschine mit den Eigenschaften 1 und 2. Nimm eine beliebige Zahl h. Entsprechend Abschnitt (b) oben (wobei wir für *»b«* die Zahl *»h«* einsetzen müssen) gibt es zumindest ein x, für das gilt, daß $M(x,h)$ eine andere Paarigkeit hat als x. Daher kann es nicht zutreffen, daß für *alle* Zahlen x gilt, daß $M(x,h)$ die gleiche Paarigkeit hat wie x; mit anderen Worten, Eigenschaft 3 kann nicht zutreffen. Somit sind die Eigenschaften 1, 2 und 3 unvereinbar.

Anmerkung: Die Nichtverwirklichbarkeit von Waltons Maschine steht in engem Zusammenhang mit Tarskis Lehrsatz (Kapitel »Beweisbarkeit und Wahrheit«), und es ist nicht schwer, den Lehrsatz und die Nichtverwirklichbarkeit der Maschine mit dem gleichen Argument zu beweisen.

19
Leibniz' Traum

Fergusson (so wie auch Walton, auf seine höchst eigene Art) versuchte etwas, wodurch sich, wenn es gelungen wäre, einer der glühendsten Träume Leibniz' erfüllt hätte: Leibniz hatte die Möglichkeit einer Rechenmaschine vor Augen, mit der sich alle mathematischen Probleme lösen ließen – und alle philosophischen ebenfalls. Wenn wir von den philosophischen Problemen einmal absehen, so scheint sich Leibniz' Traum schon für die mathematischen nicht verwirklichen zu lassen. Dies folgt aus den Erkenntnissen von Gödel, Rosser, Church, Kleene, Turing und Post, mit deren Arbeiten wir uns jetzt beschäftigen wollen.

Es gibt eine Art von Rechenmaschine, deren Funktion es ist, eine mathematische Operation an den positiven ganzen Zahlen auszuführen. Bei einer solchen Maschine gibt man eine Zahl x (den Input) ein, und eine Zahl y (der Output) kommt heraus. Beispielsweise kann man leicht eine Maschine entwerfen (natürlich keine besonders interessante!), bei der immer dann, wenn eine Zahl x eingegeben wird, die Zahl $x + 1$ herauskommt. Man könnte von einer solchen Maschine sagen, daß sie die Operation, 1 zu addieren, *berechnet*. Wir könnten uns auch eine Maschine vorstellen, die eine Operation, wie die Addition, mit zwei Zahlen berechnet. Bei einer solchen Maschine gibt man zuerst eine Zahl x, dann eine Zahl y ein; dann drückt man auf einen Knopf, und nach einer Weile kommt die Zahl $x + y$ heraus. (Es gibt natürlich eine technische Bezeichnung für solche Maschinen – ich glaube, man nennt sie *Addiermaschinen*!)

Es gibt eine andere Art von Maschine, die man als *erzeugende* oder *aufzählende* Maschine bezeichnen könnte und die bei dem Ansatz, den wir hier wählen (er folgt den Theorien von Post), eine grundlegendere Rolle spielt. Bei einer solchen Maschine gibt es keinen Input; sie ist darauf programmiert, eine Menge positiver ganzer Zahlen zu erzeugen. Beispielsweise könnten wir eine Maschine dazu bringen, die Menge der geraden Zahlen zu erzeugen, eine andere, die Menge der ungeraden Zahlen zu erzeugen, eine weitere, die Menge der Primzahlen zu erzeugen, und so weiter. Ein typisches Programm für eine Maschine, die die geraden Zahlen erzeugen soll, könnte etwa wie folgt aussehen.

Wir geben der Maschine zwei Instruktionen: (1) daß sie die Zahl 2 ausdruckt; (2) daß sie immer dann, wenn sie eine Zahl n ausdruckt, auch die Zahl $n + 2$ ausdruckt. (Außerdem erhält die Maschine Zusatzregeln, die im Anschluß an die Instruktionen *systematisieren*, so daß die Maschine alles, was sie tun *kann*, schließlich auch tun *wird*.) Eine solche Maschine, die Instruktion (1) ausführt, wird früher oder später

2 ausdrucken, und nachdem sie 2 ausgedruckt hat, wird sie früher oder später, Instruktion (2) folgend, 4 ausdrucken, und wenn sie 4 ausgedruckt hat, wird sie früher oder später 6 ausdrucken, wiederum Instruktion (2) folgend, dann 8, dann 10, und so weiter. Diese Maschine wird dann die Menge der geraden Zahlen erzeugen. (Ohne zusätzliche Instruktionen könnte sie niemals 1, 3, 5 oder irgendeine andere ungerade Zahl liefern.) Wenn wir eine Maschine so programmieren wollen, daß sie die Menge der ungeraden Zahlen erzeugt, brauchen wir natürlich nur die erste Instruktion in »drucke 1 aus« zu ändern. Manchmal werden zwei oder mehr Maschinen so miteinander verbunden, daß der Output einer Maschine von einer der anderen Maschinen verwendet werden kann. Nehmen wir beispielsweise an, daß wir zwei Maschinen, A und B, haben, die wir folgendermaßen programmieren: A geben wir zwei Instruktionen: »(1) drucke 1 aus; (2) wann immer Maschine B n ausdruckt, drucke $n + 1$ aus.« Maschine B geben wir nur eine Instruktion: »(1) Wann immer Maschine A n ausdruckt, drucke $n + 1$ aus.« Welche Menge wird A erzeugen, und welche Menge wird B erzeugen? Die Antwort ist, daß A die Menge der ungeraden Zahlen erzeugen wird und B die Menge der geraden Zahlen.

Nun ist ein Programm für eine erzeugende Maschine, anstatt in deutscher Sprache gegeben zu sein, als positive ganze Zahl kodiert (in Form einer Folge von Ziffern), und die Dinge können so geordnet werden, daß jede positive ganze Zahl die Nummer eines Programms ist. M_n soll die Maschine sein, deren Programm die Codenummer n hat. Wir stellen uns nun vor, daß alle erzeugenden Maschinen in der unendlichen Folge $M_1, M_2, \ldots, M_n, \ldots$ verzeichnet sind. (M_1 ist die Maschine, deren Programmnummer 1 ist, M_2 die Maschine, deren Programmnummer 2 ist, und so weiter.)

Für jede Zahlenmenge A (gemeint ist eine Menge positiver ganzer Zahlen) und jede Maschine M wollen wir sagen, daß M dann A *erzeugt* oder, alternativ dazu, daß M dann A *aufzählt*, wenn jede Zahl in A schließlich von M ausgedruckt wird; jedoch wird keine Zahl außerhalb von A jemals von M ausgedruckt. Wir werden sagen, daß A *effektiv aufzählbar* ist (ein anderer Terminus technicus ist *rekursiv aufzählbar*), wenn es mindestens eine Maschine M_i gibt, die A aufzählt. Wir werden sagen, daß A *lösbar* ist (ein anderer Terminus technicus ist *rekursiv*), wenn es eine Maschine M_i gibt, die A aufzählt, und eine andere Maschine M_j, die die Menge aller Zahlen aufzählt, die nicht in A sind. A ist somit lösbar dann und nur dann, wenn sowohl A als auch sein Komplement $\bar{A}$ effektiv aufzählbar ist.

Angenommen, A ist lösbar und wir haben eine Maschine M_i, die A erzeugt, und eine Maschine M_j, die das Komplement von A erzeugt. Dann gibt es ein effektives Verfahren, mit dem wir feststellen können, ob eine beliebige Zahl *n* innerhalb oder außerhalb von A liegt: Nehmen wir beispielsweise an, daß wir wissen wollen, ob die Zahl 10 in A ist oder nicht. Wir setzen beide Maschinen, M_i und M_j, simultan in Gang und warten. Wenn 10 innerhalb von A liegt, dann wird M_i früher oder später 10 ausdrucken, und wir wissen dann, daß 10 zu A gehört. Wenn 10 außerhalb von A liegt, wird die Maschine M_j früher oder später 10 ausdrucken, und wir wissen dann, daß 10 nicht zu A gehört. So werden wir schließlich und unvermeidlich erfahren, ob 10 zu A gehört oder nicht. (Natürlich wissen wir nicht im voraus, wie lange wir werden warten müssen; wir wissen nur, daß wir nach *irgendeiner* endlichen Zeitspanne die Antwort erfahren werden.)

Nehmen wir nun an, daß eine Menge A effektiv aufzählbar, aber nicht lösbar ist. Dann haben wir eine Maschine M_i, die A erzeugt, aber wir haben keine Maschine, die das Komplement von A erzeugt. Nehmen wir außerdem an, daß wir gerne wissen würden, ob eine bestimmte Zahl – sagen wir 10 – in A ist oder nicht. Das beste, was wir in diesem Fall tun können, ist, die Maschine M_i in Gang zu setzen und auf das beste zu hoffen!

Die Wahrscheinlichkeit, daß wir die Antwort jemals erfahren werden, beträgt jetzt nur noch 50 Prozent. Wenn 10 in A *ist*, werden wir es früher oder später wissen, denn M_i wird früher oder später 10 ausdrukken. Wenn 10 jedoch nicht in A ist, wird M_i niemals 10 ausdrucken, aber ganz gleich, wie lange wir warten, wir können nie sicher sein, daß M_i zu einem späteren Zeitpunkt nicht doch noch 10 ausdrucken wird. Wenn 10 also in A ist, werden wir das früher oder später wissen, wenn 10 jedoch nicht in A ist, können wir das zu keinem Zeitpunkt definitiv wissen (zumindest dann nicht, wenn wir nur die Maschine M_i beobachten). Wir könnten eine solche Menge passenderweise als *halblösbar* bezeichnen.

Das erste wichtige Merkmal dieser erzeugenden Maschinen ist, daß es möglich ist, eine sogenannte *universelle* Maschine U zu entwerfen, deren Funktion ist, systematisch das Verhalten aller Maschinen M_1, M_2, . . ., M_n, . . . zu beobachten, und wann immer eine Maschine M_x eine Zahl *y* ausdruckt, zeigt U dieses Faktum an. Wie geschieht das? Durch das Ausdrucken einer Zahl: Für jedes *x* und *y* soll wieder $x*y$ die Zahl sein, die aus einer Folge von Einsen mit der Länge *x* besteht, woran sich eine Folge von Nullen mit der Länge *y* anschließt. Unsere hauptsächliche

Instruktion für U ist: »Wann immer M_x y ausdruckt, drucke $x*y$ aus.«

Nehmen wir beispielsweise an, daß M_a darauf programmiert ist, die Menge der ungeraden Zahlen zu erzeugen, und M_b darauf programmiert ist, die Menge der geraden Zahlen zu erzeugen. Dann wird U alle Zahlen $a*1$, $a*3$, $a*5$, $a*7$ usw. ausdrucken und außerdem alle Zahlen $b*2$, $b*4$, $b*6$, $b*8$ usw., aber U wird niemals $a*4$ ausdrucken (weil M_a niemals 4 ausdruckt) noch $b*3$ (weil M_b niemals 3 ausdruckt).

Nun hat die Maschine U auch selbst ein Programm und ist folglich eine der programmierbaren Maschinen M_1, M_2, . . ., M_n, . . . Somit gibt es eine Zahl k, für die gilt, daß M_k eben diese Maschine U ist! (In einer vollständigeren technischen Beschreibung dieser Zusammenhänge könnte ich darstellen, was die Zahl k ist.)

Wir könnten feststellen, daß diese universelle Maschine M_k ihr eigenes Verhalten ebenso wie das aller anderen Maschinen beobachtet und anzeigt. Wann immer also M_k eine Zahl n ausdruckt, muß sie ebenfalls $k*n$ ausdrucken, folglich auch $k*(k*n)$, folglich auch $k*[k*(k*n)]$, und so weiter.

Ein zweites wichtiges Merkmal dieser Maschine ist, daß wir für jede Maschine M_a eine Maschine M_b darauf programmieren können, die und nur die Zahlen x auszudrucken, für die gilt, daß M_a $x*x$ ausdruckt. (M_b hat, so könnte man sagen, ein Auge auf M_a und ist instruiert, immer dann x auszudrucken, wenn M_a $x*x$ druckt.) Es ist möglich, Programme so zu kodieren, daß $2a$ für jedes a eine solche Zahl b ist; das heißt, für jedes a druckt M_{2a} solche und nur solche Zahlen x aus, für die gilt, daß M_a $x*x$ ausdruckt. Wir nehmen an, dies wäre geschehen, und halten nun zwei grundlegende Fakten fest, die wir für das Folgende brauchen werden:

Faktum 1: Die universelle Maschine U druckt solche und nur solche Zahlen $x*y$ aus, für die gilt, daß M_x y ausdruckt.

Faktum 2: Für jede Zahl a druckt die Maschine M_{2a} solche und nur solche Zahlen x aus, für die gilt, daß M_a $x*x$ ausdruckt.

Wir kommen jetzt zu dem zentralen Punkt: Jedes formale mathematische Problem läßt sich übertragen in eine Frage der Art, ob eine Maschine M_a eine Zahl b ausdruckt oder nicht. Das heißt, für jedes formale Axiomensystem kann man allen Sätzen des Systems Gödelsche Zahlen zuordnen und eine Zahl a finden, für die gilt, daß die Maschine M_a die Gödelschen Zahlen der beweisbaren Sätze des Systems ausdruckt und keine anderen Zahlen. Um also herauszufinden, ob ein bestimmter Satz in dem System beweisbar ist oder nicht, nehmen wir seine Gödelsche Zahl *b* und fragen, ob die Maschine M_a *b* ausdruckt oder nicht. Wenn wir also eine effektive Methode hätten zu entscheiden, welche Maschinen welche Zahlen ausdrucken, so könnten wir effektiv entscheiden, welche Sätze in welchem Axiomensystem beweisbar sind. Das würde eine Realisierung von Leibniz' Traum bedeuten. Überdies kann die Frage, welche Maschinen welche Zahlen ausdrukken, auf die Frage reduziert werden, welche Zahlen von der universellen Maschine U ausgedruckt werden, weil die Frage, ob die Maschine M_a *b* ausdruckt oder nicht, äquivalent ist zu der Frage, ob U die Zahl $a*b$ ausdruckt oder nicht. Ein umfassendes Wissen über U würde ein umfassendes Wissen über alle Maschinen und folglich über alle mathematischen Systeme bedeuten. Umgekehrt kann jede Frage danach, ob eine bestimmte Maschine eine bestimmte Zahl ausdruckt, auf eine Frage danach reduziert werden, ob ein bestimmter Satz in einem bestimmten mathematischen System beweisbar ist, und somit würde ein umfassendes Wissen über alle formalen mathematischen Systeme ein komplettes Wissen über die universelle Maschine implizieren.

Die entscheidende Frage ist dann: V soll die Menge der Zahlen sein, die von der universellen Maschine U ausgedruckt werden (diese Menge V wird zuweilen auch als *universelle Menge* bezeichnet). Ist diese Menge V lösbar oder nicht? Wenn sie es ist, so ist Leibniz' Traum damit realisiert; wenn sie es nicht ist, so kann Leibniz' Traum niemals realisiert werden. Da V effektiv aufzählbar ist (es wird von der Maschine U erzeugt), läuft die Frage darauf hinaus, ob es eine Maschine M_a gibt oder nicht, die das Komplement $\bar{V}$ von V ausdruckt; das heißt, gibt es eine Maschine M_a, die solche und nur solche Zahlen ausdruckt, die U *nicht* druckt? Diese Frage läßt sich schon auf der Grundlage der gegebenen Bedingungen Faktum 1 und Faktum 2 vollständig beantworten.

Satz L: Die Menge $\bar{V}$ ist nicht effektiv aufzählbar: Für jede beliebige Maschine M_a gilt, daß es entweder eine Zahl in $\bar{V}$ gibt, die M_a nicht drucken kann, oder $\bar{M}$ druckt zumindest eine Zahl, die in V und nicht in $\bar{V}$ enthalten ist.

Kann der Leser erkennen, wie sich Satz L beweisen läßt? Nehmen wir einen speziellen Fall: Es wird die Behauptung aufgestellt, daß die Maschine M_5 die Menge $\bar{V}$ aufzählt. Um diese Behauptung zu widerlegen, genügt es, eine Zahl *n* zu finden und zu zeigen, daß entweder *n* in $\bar{V}$ ist und M_5 *n* nicht druckt oder daß *n* in V ist und M_5 *n* druckt. Können Sie eine solche Zahl *n* finden?

Ich will die Lösung hier anführen und nicht erst am Ende des Kapitels. Tatsächlich ist die Lösung wieder Gödels Argument:
Nimm eine beliebige Zahl a. Laut Faktum 2 druckt M_a für jede Zahl x dann und nur dann $x*x$, wenn M_{2a} x druckt. Aber, laut Faktum 1, M_{2a} druckt x dann und nur dann, wenn die universelle Maschine U $2a*x$ druckt, oder – was das gleiche ist – dann und nur dann, wenn $2a*x$ in der Menge V ist. Daher druckt M_a $x*x$ dann und nur dann, wenn $2a*x$ in V ist. Insbesondere druckt M_a, wenn wir für x $2a$ einsetzen, die Zahl $2a*2a$ dann und nur dann, wenn $2a*2a$ in V ist. Somit haben wir zwei Möglichkeiten: (1) M_a druckt $2a*2a$ und $2a*2a$ ist in V; (2) M_a druckt $2a*2a$ nicht und $2a*2a$ ist in $\bar{V}$. Wenn (1) zutrifft, druckt M_a die Zahl $2a*2a$ aus, die nicht in $\bar{V}$ ist, sondern in V; das bedeutet, daß M_a die Menge $\bar{V}$ nicht erzeugt, da es mindestens eine Zahl ($2a*2a$) ausdruckt, die nicht in $\bar{V}$ ist. Wenn (2) zutrifft, erzeugt M_a wiederum nicht die Menge $\bar{V}$, weil die Zahl $2a*2a$ in $\bar{V}$ ist, aber von M_a nicht gedruckt wird. Also erzeugt M_a in keinem Fall die Menge $\bar{V}$. Da keine Maschine $\bar{V}$ erzeugen kann, ist die Menge $\bar{V}$ nicht effektiv aufzählbar.
Für den speziellen Fall $a = 5$ ist die Zahl n natürlich $10*10$.
Was bedeutet nun all dies im Hinblick auf Leibniz' Traum? Genau genommen kann man die Realisierbarkeit von Leibniz' Traum nicht beweisen oder widerlegen, weil er nicht in einer exakten Form präsentiert wurde. Tatsächlich gab es zu Leibniz' Zeiten keine präzise Vorstellung von einer »Rechenmaschine« oder »erzeugenden Maschine«; diese Begriffe sind erst in unserm Jahrhundert genau definiert worden. Sie sind auf verschiedene Weise definiert worden (von Gödel, Herbrand, Kleene, Church, Turing, Post, Smullyan, Markow und vielen anderen), aber für all diese Definitionen ist gezeigt worden, daß sie äquivalent sind. Wenn mit »lösbar« gemeint ist lösbar im Sinne einer dieser äquivalenten Definitionen, so ist Leibniz' Traum nicht realisierbar auf Grund der einfachen Tatsache, daß die Maschinen so numeriert werden können, daß Faktum 1 und 2 zutreffen. Dann ist, Satz L zufolge, die von der universellen Maschine erzeugte Menge V nicht lösbar; sie ist nur halb lösbar. Daher gibt es kein rein »mechanisches« Verfahren, mit dem sich feststellen läßt, welche Sätze in welchem Axiomensystem beweisbar sind und welche nicht. Daher ist jeder Versuch, einen klugen »Mechanismus« zu finden, mit dem sich alle mathematischen Probleme lösen lassen, zum Scheitern verurteilt.
Mit den prophetischen Worten des Logikers Emil Post (1944) bedeutet dies, daß mathematisches Denken im wesentlichen kreativ ist und bleiben muß. Oder, wie in einer amüsanten Bemerkung des Mathemati-

kers Paul Rosenbloom, es bedeutet, daß der Mensch die Notwendigkeit, seine eigene Intelligenz zu gebrauchen, niemals wird ausschalten können, wie klug er es auch immer anstellt.

John Crowley

Little Big
oder das Parlament der Feen

Aus dem Amerikanischen von Thomas Lundquist
Roman. 704 Seiten, geb.

»An einem gewissen Tag, im Juni 19–, machte sich ein junger Mann auf den Weg nach Norden, hinaus aus der Großen Stadt, und in ein Städtchen, oder einen Ort namens Edgewood, von dem er hatte erzählen hören, den er aber noch nie gesehen hatte. Sein Name war Smoky Barnable, und er ging nach Edgewood, um zu heiraten; die Tatsache, daß er wanderte und nicht fuhr, war eine der Bedingungen, die von vornherein an sein Kommen geknüpft waren...«

So beginnt ein Roman, dessen Zauber den Leser nicht leicht wieder freigeben wird. Ein Roman, der seltsam ist und komisch, sinnlich und geheimnisvoll, magisch und verblüffend. Er schildert in den schönsten Farben das Schicksal der Familie Drinkwater, die in Edgewood in einem riesigen Anwesen mit vielen verschiedenen Fassaden wohnt, einem Haus aus vielen Häusern, und die in engem Kontakt mit Feen, Geisterwesen und einer sprechenden Forelle lebt – oder doch zu leben scheint...

Jedes Detail dieser aufs buchstäblich Wundervollste verschlungenen Erzählung hat seine Bedeutung für das Ganze: Jedes Detail ist mitgeplant und mitbestimmt von den zahlreichen Feen, die diese Familie ständig halbgesehen umgeben und deren Intrigen ebenso komplex sind wie die des Autors.

S. Fischer

fi 457/1